전국의 특수박물관은 21세기 문화콘텐츠 개발의 보고(寶庫)

우리의 문화와 역사 전문박물관에서 찾다!

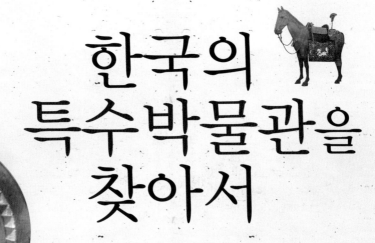

한국의 특수박물관을 찾아서

글 · 사진 **이요섭**

한국의 특수
박물관을 찾아서

이요섭 지음

저자 서문

　다양한 직장생활을 하면서도 틈틈이 25년간 전문박물관들을 취재해왔습니다. 박물관 하나를 만들기 위해 모든 사재와 인생을 바쳐온 분들이야말로 진정한 애국자라는 생각을 지울 수 없어 그분들과 전문박물관을 홍보하기 위해 저 역시 한길을 걸어왔습니다.

　국회 정책보좌관이었던 2001년에는 〈한국 사립박물관의 현황과 활성화 방안〉이라는 자료집을 펴내고 문광위원회와 예결위원회에서 의원 질의를 통해 정부 측의 지원을 받아냈습니다. 박물관의 허가규정 개선, 예산 및 전문인력 지원, 문광부 직제개편 등을 주장하여 복권기금을 통해 박물관 활성화에 예산을 지원하겠다는 약속까지 받아냈습니다.

　박물관 설립자분들께 조금이나마 힘이 될 수 있었다는 게 얼마나 다행스러운 일인지 그동안 가슴에 맺혀있던 응어리 하나가 풀린 기분이었습니다.

　아파트를 팔아 유럽 왕실에서 사용했던 축음기를 국내로 들여오는 데 많은 관세를 물고 대관령 눈 속에서 오도 가도 못하고 축음기와 함께 밤을 새웠다는 분, 사천 비행장에서 구두수선공을 하면서 번 돈으로 전국의 문양을 사모아 박물관을 설립했으나 운영비는 없고 칠십 고개는 넘어가니 죽기가 서럽다는 분도 계셨습니다.

이러한 한 맺힌 사연들은 전국의 200여 개에 달하는 사립박물관 관장들의 가슴에 문패처럼 박혀 있습니다. 고려청자가 아닌 비록 초라한 놋쇠그릇이 더라도 그 속에는 선조들의 지혜와 예술성이 담겨 있습니다. 그러한 유물들이 젊은 세대들에게 교육 자료로 보여질 수 있도록 정부의 보다 적극적인 지원이 따라야 할 것입니다.

21세기를 흔히 문화의 세기라고 합니다. 최고의 정보산업국인 우리나라가 우리 문화를 세계화할 수 있는 적기입니다. 현실화되고 있는 모습에 우리 스스로가 놀라기도 합니다. 문화콘텐츠 개발의 창고인 전문박물관에서 스토리를 읽어내고 캐릭터를 만들어내고 영화를 만들어낼 때 문화강국으로 거듭날 수 있을 겁니다.

3년여 동안 범우사에서 발행하는 월간지 《책과인생》에 '한국의 특수박물관 답사'라는 주제로 연재해온 자료들을 모아 책으로 엮게 되었습니다. 전문박물관을 찾아 새로운 지식을 얻고자 하는 독자들에게 만족할 만한 안내서가 되었으면 하는 바람입니다.

2012년 11월

이요섭

CONTENTS

한국의 특수박물관을 찾아서

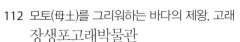

CONTENTS

9

한국의 특수
박물관을 찾아서

고독의 대륙을
꿈틀거리게 하는
문화예술의 힘

중남미 하면 아르헨티나의 카우보이와 탱고, 브라질의 삼바, 쿠바의 룸바와 맘보 등 세계적인 민족음악을 들 수 있지만, 문학사에서도 노벨문학상 수상자가 많이 배출되었다.

시인으로 칠레의 네루다, 과테말라의 아스투리아스, 단편작가로는 아르헨티나의 보르헤스, 콜롬비아의 마르케스 등이 중남미 출신이다.

음악과 문학을 비롯하여 전통예술이 살아 숨쉬는 중남미의 사람들이 우리들처럼 엉덩이에 몽고반점이 있다는 사실이다. 약 2만년 전에 아시아의 몽고인들이 시베리아로부터 베링해협을 건너 지금의 알래스카를 통해 북아메리카를 지나 중남미까지 건너가 영토를 이루고 문화를 형성하였다.

그래서 아시아 문화와 유사한 점들이 많고 풍속이나 생활 습관도 비슷한 점을 느낄 수 있다. 정착하면서 농경생활을 시작하였는데 고추와 감자를 재배하고 곡식을 거두는 갖가지 기구들을 사용한 걸 보면 우리의 농기구들과 형태가 거의 같다. '메따떼'라는 돌절구가 쓰이기도 했다.

흔히 중·남미─라틴아메리카로 부르는 지역은 미주 대륙에서 북미의 캐나다, 미국을 제외한 멕시코와 중미, 카리브해역 및 남미대륙의 제국들을 말한다.

　이 지역은 약 4억 5천만 명의 인구가 33개의 독립국으로 나누어져 있는데, 인구 1억 5천만 명의 브라질에서부터 5만 명의 세인트, 크리스토퍼 네버스 등 다양한 형태이다.

　중남미 지역은 총면적 약 2,060만 평방킬로미터로 멕시코 최북단에서 칠레의 남쪽 끝까지 남북의 길이가 1만 2,500킬로미터에 이른다. 또한 환태평양 지진대에 속해 있어 지진이 잦고 수많은 화산들로 이루어져 있는 곳이다.

　그들의 문화를 통칭 인디오 문화라고 한다. 그러나 지역에 따라 올메까 문화, 떼오띠우아깐 문화, 똘떼까 문화, 마야 문화, 아즈텍 문화 등으로 구분된다.

　올메까 문화는 중미 전체 지역을 중심으로 이루어진 문화인데 특히 돌을

다루는 솜씨가 뛰어나 바위에 조각을 남기거나 동물과 사람이 반씩 섞인 석조상이나 피라미드, 검은 토기 등을 남기기도 했다.

　마야 문화는 멕시코 남부 고원지역에서 꽃을 피웠는데 돌로 만든 피라미드 꼭대기에 신전을 만들어 제사를 지냈고 제사장들을 높이 추대하였다. 마야인들은 천문학과 숫자에 밝아 기원 전부터 1년을 365일로 나누었고 여러 신을 믿었다.

　아즈텍 문화는 태양신을 믿는 가운데 태양신은 우주에서 자신의 길을 가기 위해 늘 투쟁한다고 생각했으며 자신들은 태양의 무사라고 믿었다. 그래서 아즈텍 사람들은 태양신이 문제 없이 우주를 지나다닐 수 있게 하기 위해 인간의 심장을 제물로 바쳤다.

또한 아즈텍 사람들은 교육을 중시했고 웅장한 건축물을 지었으며 건축물에는 인간과 신의 중개자 역할과 사람들의 생활을 지배하는 지도자로서 깃털 달린 뱀인 '께짤꼬아뜰' 문양을 조각하였다.

잉카 문화는 페루지방의 여러 문화가 합쳐진 문화인데, 잉카의 신화를 보면 태양신의 자손들은 아버지의 말씀을 따르기 위해 금 지팡이가 박히는 기름진 땅을 찾아야 했으며, 그들이 찾은 땅은 높은 산들로 이루어진 "세상의 배꼽"이라는 뜻의 '꾸스꼬'를 찾아 수도로 정했다. 우리가 알고 있는 마추피추의 고대 건축 유적지가 바로 잉카제국의 수도이다.

이러한 라틴아메리카의 숨결이 느껴지는 곳, 라틴아메리카의 표정을 맛볼 수 있는 곳이 경기도 고양시에 자리하고 있다.

30년 간을 중남미 지역에서 외교관으로 근무한 이복형 씨가 설립한 중남미 박물관은 '97년 10월 문을 열었다.

박물관에 처음 들어서면 우리 문화와는 다른, 영화 속에서나 봄직한 이국적인 풍경이 눈에 들어온다. 잘 꾸며진 정원과 정원수, 서구풍의 청동의자와 정원의 조각품들까지 중남미 문화의 체취를 느끼게 한다.

실내로 들어서면 화려한 조각품들과 민속공예품, 석기, 목기, 색상과 표정이 각양각색인 가면들, 마음을 경건하게 만드는 종교화 그리고 각종 생활용품들이 호감을 끌게 한다.

전시실은 토기실, 석기실, 목기실, 가면실, 생활용품실, 스페인 정복실 등 6개로 나뉘어져 있다.

토기실에는 주로 멕시코-중미 일대의 일부 토기가 수집 전시되어 있는데, 마야토기(A.D 550~950년)와 함께 코스타리카, 파나마 일대의 쪼로떼가(A.D 1,000~1,400년)토기, 니꼬야 반도의 메따떼(A.D 300~700년), 베라쿠르즈 지방의 올메카(B.C 1,000~500년)와 꼴리마(B.C 100~A.D 250년) 토기 등이 진열되어 있다.

사각다리 항아리
B.C 200~A.D 300
멕시코 꼴리마(COLIMA)

석기, 목기실에는 코스타리카의 과나까스테-니코야 지방의 메따떼와 미스떽 메떼따, 특히 멕시코 똘떼까 왕조, 수도 뚤라의 꿰짤꾸아뜰 석조물과 카리브해 따이노족의 사람 모양을 한 조각석기 쎄미 도끼, 방망이 등의 석기가 전시되어 있다.

꿰짤꾸아뜰은 뱀 모양을 하고 있는데, 당시 인디오들의 영혼과 물질을 혼

합한 신비성의 상징이라고 한다. 따이노족은 남미대륙 북단 아마존 지역에서 카누를 이용 이주하여 15세기말 스페인 정복 당시 도미니카 공화국 일대에서 고도의 문화를 개화시킨 바 전시관에는 이들의 의례용 의자 두호(Duho)가 여러 점 전시되어 있다.

가면실에는 나무, 가죽, 천, 철기, 석기, 토기 등 다양한 재료와 색채를 이용하여 만든 가면들이 전시되어 있다. 이들은 축제, 카니발, 의식 등에 사용되며 모양도 신, 마귀, 동물, 인어, 이중가면, 죽음, 귀족, 천사, 나비 등 다양하다. 죽은 자는 말이 없다는 뜻에서 죽음의 가면에는 입이 없다. 이런 가면들은 주로 서해안 게레로, 나야릿, 미추아깐, 오하카 지방이 주산지이다. 돌가면 중에 떼오띠우아깐(A.D 450~650년) 비취가면이 대표적이고 통가면은 크고 모양새가 특이하다.

민속공예실에 전시된 작품들의 기원은 토착 인디오문화에서 찾아볼 수 있으나, 구라파, 특히 스페인(도자기) 또는 16세기 동방과의 교역(도자기, 비단)에서도 영향을 받은 자취를 찾아볼 수 있다.

　또한 산타클라라 데 꼬브레의 동제품, 미추아칸 소나무로 만든 투박한 가구, 노리개, 궤짝, 위촐뜨개 생명의 나무, 악기, 마구, 다리미, 재봉틀 등과 아르헨티나의 축음기, 반도리나 등 악기들이 전시되어 있다. 청색 딸라베라와 강한 황색이 교차하는 뜨락스깔라, 과나하또와 오하카 지방의 검은 토기항아리, 도자기, 접시 등 다양하다. 특히 중남미는 구리 생산량이 많아 구리를 망치로 두들겨서 만든 물항아리, 주전자, 음식 그릇 등 다양한 구리 그릇을 볼 수 있다.

　전시홀을 둘러보고 홀 중앙의 계단을 오르면 나무탁자와 나무의자가 자리잡고 있는 조그마한 휴게실이 나온다. 이곳에서는 중남미 음악에 젖어 각자 취향에 맞는 차와 음료를 즐기며 담소를 나눌 수 있을 뿐만 아니라 스페인 정통요리인 '빠에야'를 맛볼 수 있다.

　전시홀 지하에는 단체관람객을 위해 영상 세미나실이 마련되어 있는데 여기서는 관람객들을 상대로 이복형 관장이 직접 중남미문화에 대해 강의를 하기도 하며 VTR자료를 보여 주며 라틴아메리카 문화에 대한 이해를 돕는다.

　박물관 실내 관람을 마치고 밖으로 나오면 바로 옆에 미술관이 위치해 있다. 이곳 미술관에는 중남미를 대표하는 작가들의 다양한 그림과 조각들이 전시되어 있다. 중남미의 유명한 화가들이 이곳에서 초대전을 열기도 한다.

중남미 미술의 특징은 현대적이면서도 전통적인 모습을 담고 있다. 선이 굵고 색이 강렬하고 진한 느낌을 준다. 미술관에서 볼 수 있는 수공예 자수들도 역시 검은 천 위에 붉은색과 오랜지색이 가장 많이 쓰이고 있다.

중남미의 예술은 음악이나 춤 그리고 그림에 이르기까지 신과 접목하는 주술처럼 강렬하고 힘이 넘친다.

콜럼비아 소설가 가브리엘 가르시아 마르케스는 노벨상을 수상하면서 라틴아메리카를 고독한 사람들이 사는 고독의 대륙이라고 했듯이 이곳 전시관을 둘러보면서의 느낌은 외롭고 뭔가 아직 이루지 못한 욕망을 갈구하는 몸짓을 보는 기분이다. 착취와 소외의 역사를 안고 있는 나라들이 현재도 국제사회에서 선진국을 갈망하나 이루지 못하고 있다.

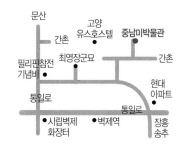

● ● ●　**중남미박물관 이용안내**

◆ 중남미박물관은 **연중무휴**이며 개관시간은 오전 10시～오후 6시까지이다.
　관람료는 성인 4,500원, 군인·학생 3,500원, 12세 이하는 3,000원이며, 단체관람은 할인된다.
◆ **찾아가는 길은**
　① **지하철 이용시**~ 3호선 삼송역 하차(8번출구)하여 마을버스 053번 승차 또는 통일로 방면에서 333, 330, 703번 승차하여 고양동 시장 앞에서 하차하여 건너편 마트 골목으로 도보로 10분 거리이다.
　② **승용차 이용시**~ 자유로를 타고 가다가 국도1번 통일로를 타고 송추·장흥방향으로 달리면 필리핀참전비 앞 신호가 나오고 그곳에서 우회전 한 다음 65번 국도로 2㎞ 쯤 가면 된다.
◆ **중남미박물관** 주소 : 경기도 고양시 고양동 302-1
◆ 전화 : **031) 962-7171**, 홈페이지 http://www.latina.or.kr

한국의 특수박물관
둥지박물관

반세기의
추억 속으로
떠나는 여행

요즈음 아이폰이나 스마트폰은 전화는 물론 인터넷, 컴퓨터, TV 등 모든 정보를 손 안에서 해결할 수 있다. 이토록 정보통신이 급속도로 발달하게 된 데는 인터넷 정보망이 잘 구축되어 있기 때문이라고 한다.

부존자원이 없어 에너지의 대부분을 수입에 의존해서 경제발전을 이루어 나가고 있는 우리나라로서는 지식산업만이 살 길이다. IT산업과 반도체산업이 세계적인 수준에 이르고 있어 효자 노릇을 톡톡히 하고 있다.

그러나 이토록 통신산업이 발전하기까지는 그리 많은 세월이 지난 것도 아니다. 이제 일상생활에서 핸드폰은 초등학생부터 어른에 이르기까지 필수품이 되어 버린 사회이지만, 90년대까지만 해도 공중전화 박스에 사람들이 줄서서 기다려야 했다. 그러나 이제는 도시의 퇴물로 변해 가고 있다. 이토록 급속도로 변모해 가는 시대에 우리가 살고 있는 것이다.

70년대까지만 해도 학교에서 가정의 생활능력을 조사할 때 전화기나 텔레비전 있는 사람 손들어 보라고 했다. 당시에 전화기 한 대 값이 집 한 채 값이었으니 지금의 공짜폰을 생각하면 놀랄 만한 변화이다.

우리나라에 전화기가 처음 들어온 것은 1896년의 일이고, 다음해에 고종의 침소에 전화기가 설치되었다. 고종이 관료들에게 전화를 하면 절을 네 번

하고 무릎을 꿇고 받았다고 한다. 당시에는 말을 전하는 기계라는 의미에서 전어기(傳語機)라 불렸다.

이러한 전화기의 역사를 비롯해 지금의 부모 세대들이 일생생활에서 사용해 온 여러 가지 물건이 전시되어 있는 곳이 경기도 용인시에 있는 둥지박물관이다.

둥지박물관을 설립한 황호석 이사장은 "유럽이나 일본에만 가도 박물관이 수천 개에 이르는데, 대부분 시골 구석구석에 위치하고 있고, 구석구석 찾아다니는 문화를 즐기더라"며, 앞으로 우리나라도 그러한 때가 올 것이라는 생각에서 둥지박물관을 외진 산 속에 건립하게 되었다고 한다.

황 이사장이 박물관을 건립하게 된 동기는 부인이 화가라서 제자들을 가르치고 작가들을 집으로 초대해 대화를 나눌 때 함께하다 보니 자연스레 그림에 관심을 갖고 인사동을 드나들며 그림을 수집하는 취미를 가지게 되었다고 한다.

그래서 1998년 12월 미술품을 모아 둥지박물관을 열게 되었고, 열자마자 시골 산속 박물관으로 뉴스에 소개되면서 물어물어 찾아오는 화가들과 관람객들이 늘게 되었다고 한다.

그러다가 2003년에 만화가 하고명 씨의 도움으로 만화전시관도 개설하게 되었고, 채창운 씨의 도움으로 5, 60년 전 못 먹고 못 입었던 가난한 시절에 서민들이 사용했던 생활용품들을 모아 생

활사전시관도 열어 현재 세 가지로 분류된 둥지박물관이 운영되고 있다.

흔히 박물관에 들어서면 주변 사람들의 관람에 방해가 되지 않도록 조용히 움직이며 전시물의 설명서를 읽거나 메모하는 것으로 끝난다. 그러나 이곳 박물관의 특징은 설명서가 거의 없다는 것이다. '부모의 큐레이터화'를 모티브로 부모들이 전시물 하나하나에 얽힌 과거의 추억을 자녀들에게 이야기해 주는 체험식 관람문화를 유도하고 있다. 미술관의 그림과 통유리로 내다보이는 밖의 자연경관을 동시에 보면서 여유 있게 관람할 수 있는 휴식공간으로서의 박물관을 지향하고 있다.

먼저 1층의 생활전시관에는 생활소품과 전화기가 전시되어 있다. 어렸을 때 만병통치약이라 불렸던 안티프라민, 바셀린, 호랑이약, 빨간약 등이 눈에 띈다. 1933년에 유한양행이 만든 안티프라민은 뚜껑에 파란색으로 나이팅게

일이 그려져 있다. 상처가 난 곳이면 어디든 발랐다. 멍들거나 손이나 입술이 틀 때, 심지어 코가 막힐 때 코 밑에 발라도 시원스레 뚫리는 만병통치약이었다.

　생활전시관에서 볼 수 있는 또 하나의 추억 거리는 탄산음료다. 초등학교 시절 소풍 갈 때나 부모님이 사주셨던 칠성사이다를 볼 수 있다. 소풍 가는 길에 입 안에서 녹여 먹어도 다 못 먹는 주먹만한 왕사탕 두 개에 칠성사이다 한 병, 그리고 찐 계란 두 개면 소풍 준비는 그만이었다.

　칠성사이다도 가져오지 못한 친구들에게 딱 한 모금씩만 맛보게 했던 우정을 간직한 채 이제 50대가 넘어 버린 부모 세대가 되어 자녀들에게 이런 이야기를 들려주면 요즈음같이 수십 종류의 청량음료가 나오고 있는 시대에 다른 나라 이야기로 들릴 것이다.

본래 칠성사이다는 1950년 5월 6·25 전쟁 직전에 서울 갈월동에서 태어나 탄생 60주년을 맞이하게 되었다. 기록에 의하면 사이다 공장을 함께 운영했던 동료 7명의 성이 모두 다른 데 착안하여 '칠성(七姓)사이다'라고 이름을 붙였다가 중간에 한자 표기가 칠성(七星)으로 바뀌었다고 한다. 지금도 칠성사이다는 무카페인, 무색소, 무로열티의 한국 음료로 꾸준히 매출을 올리고 있다.

생활전시관에서 또 하나의 추억거리를 더듬어 본다면 토큰이다. 1977년에 서울에서 처음으로 가운데 구멍이 있는 황동색 토큰이 발행되었다. 현금 500원을 가지고 30원짜리 토큰이나 종이로 된 회수권을 사는 시절이 있었다.

　본래 토큰이나 회수권이 나오게 된 동기는 안내양이 현금을 받다 보니까 돈을 빼돌리는 경우가 있어 이를 방지하기 위해 몸 수색을 하는 등 인권 유린의 문제가 발생하는 일이 종종 있었다. 그래서 토큰을 사용하게 된 것이다.

　당시에는 버스 안에 방송시설도 없어 차장이라 불리던 안내양이 중앙에 있는 출입구에 매달린 채 큰소리로 "오라이", "스톱" 하며 손바닥으로 탕탕 버스 문을 두드려 운전사에게 신호를 보냈다. 안내양은 노인 어른들의 물건도 들어 주고 통학버스의 푸시맨 역할도 한 친절한 도우미였다.

　70년대의 토큰과 회수권이 90년대 초반까지 사용되었으나 버스 안내양을 볼 수 없게 되면서 마그네틱 카드형 교통카드가 등장하고, T머니라는 충전식 카드도 나오게 되었다.

　생활관에서 가장 많은 자료를 볼 수 있는 것은 전화기와 축음기, 라디오, TV 등이다. 70년대의 다이얼식 전화기와 좀 더 발전한 버튼식이 있고, 모양새에 따라 관공서에서 쓰던 검은색, 부유층에서 쓰던 자개가 수놓아진 전화기 등이 있다. 전화기 하나가 그 당시엔 집 안의 장식품이었다.

90년대의 대표적인 이동통신 수단이었던 삐삐도 볼 수 있다. 1997년에 1500만 명의 가입자를 돌파했던 삐삐는 지금도 사용자가 4만여 명에 이른다고 한다. 012, 015의 삐삐 무선호출 단말기 서비스를 중단할 수 없는 이유는 전기통신법상 임의로 식별번호를 뺏거나 서비스를 중단할 수 없기 때문이라고 한다.

한 시대를 풍미했던 흑백TV 전시물을 둘러보면 1970년에 삼성전자가 만든 것 중에서 브라운관 세 개가 나란히 붙어 있는 3브라운관 TV와 TV에 다리가 달려 있고 문을 여닫을 수 있는 TV 등이 눈길을 끈다.

본래 TV는 영국의 존 로지 베어드가 텔레비전 발명에 몰두하다가 1926년에 최초로 공개시험에 성공했다. 우리나라에서는 1966년 8월 1일 금성사(지금의 LG전자)에서 최초로 흑백 진공관식 19인치 TV가 생산되었다. 그리고 텔레비전 방송은 1956년 RCA 한국대리점이 호출부호 HLKZ, 영상출력 100W

로 시작한 것이 처음이다.

과거에는 밤마다 온 가족의 시선을 사로잡은 커다란 TV가 거실의 한 면을 다 차지하고 조금 오래된 TV는 두드려 줘야 화면이 나왔다. 그러나 지금은 브라운관이 없어진 LCD, LED형이다. 벽걸이용까지 나올 정도로 두께도 얇아졌고, 선명도 역시 자연 그대로를 표현할 정도로 발전하였다.

둥지박물관 3층의 만화전시관은 누구나 어린 시절에 봤던 만화의 주인공을 다시금 떠올리게 한다. 요즈음은 TV, 영화관, CD 등을 통해 애니메이션을 볼 수 있지만, 50년대부터 생긴 만화방에 가서 중앙의 연탄불을 쬐면서 길다랗고 좁은 의자에 앉아 만화책을 한 장 한 장 넘기며 울고 웃던 시절이 있었다.

우리나라 만화의 시초는 1909년 6월 《대한민보》 창간호에 삽화라는 이름으로 1칸 만화가 등장하면서부터다. 1920년에 김동성이 만화 그리는 법을 발표하고, 그 뒤로 김용환, 김규택, 김의환 등이 만화책을 펴냈다.

1960년대의 김성환의 《고바우 영감》, 박기정의 《얼룩송아지》, 박기당의

《천리안》, 김산호의 《유리천사》, 강철수의 《유랑객》, 고우영의 《삼국지》, 그리고 70년대의 길창덕의 《꺼벙이》, 이상무의 《독고탁》 등이 만화광들을 끌어 모았고, 70년대 후반부터는 만화영화로 〈로봇 태권V〉, 〈태권동자 마루치 아라치〉, 〈별나라 삼총사〉 등이 개봉되었다.

80년대에는 이현세의 《공포의 외인구단》, 박재동의 《환상의 콤비》를 비롯하여 우리나라 최초의 국산 TV 만화영화 〈달려라 호돌이〉 등 만화 시대의 부흥기를 맞게 된다.

100년이 넘는 한국 만화의 변천사를 더듬어 볼 수 있는 만화전시관이 영상시대에 익숙한 요즈음 청소년들에게는 생소하겠지만, 부모 세대는 학교 끝나고 부모 몰래 다니던 만화방을 잊을 수 없을 것이다. 심한 학생은 책가방에 교과서 반절, 만화책 반절

을 가지고 다니다가 책가방 검사 때 선생님한테 들켜 벌을 받기도 했다.

4층의 미술관에는 둥지박물관 이사장이 30여 년간 수집한 동양화를 비롯하여 서예 등의 작품이 전시되어 있다. 전시실에서 바라보는 창밖의 경치 또한 한 폭의 동양화와 같다.

둥지가 의미하는 보금자리를 추억 속에서 찾고자 한다면 둥지박물관이 아닌가 싶다. 부모 세대들이 자녀들에게 그 시대의 삶과 지혜를 가르쳐 줄 수 있는 교육의 장이기도 하다. 구석구석 찾아다니는 박물관 여행의 기다림 속에 둥지박물관이 이른 아침 새들의 둥지처럼 문을 열어 두고 있다.

● ● ● **둥지박물관 이용 안내**

◆ **휴관일**은 매주 월 · 화요일이며 **개관시간**은 오전 10시~오후 5시까지이다.
◆ **관람료**는 성인 2,000원, 청소년 1,500원, 어린이 1,000원
◆ **교통편**
　서울에서 올 경우 경부고속도로를 타고 오다가 영동고속도로의 강릉 방향으로 빠진 뒤 양지 IC에서 나와 지방국도 17번을 타고 진천 방향으로 직진→ 용인축구센터 표지판을 따라 직진→ 좌측으로 죽릉 보건소가 있고, 청룡마을을 지나 좌측으로 둥지골청소년수련원, 둥지카페 등의 간판을 보고 좌회전하여 계속 직진하면 둥지빌라, 동아펜션, 둥지골청소년 수련원이 보임→ 목조주택을 지나 보이는 황토색 건물이 박물관이다.
◆ **둥지박물관 주소** : 경기도 용인시 처인구 원삼면 죽능리 1-2
◆ 전화 **031-333-6789** 홈페이지 http://www.dungji.or.kr

한국의 특수박물관
옹기민속박물관

흙에서 와서
흙으로 돌아가는
옹기와 사람

옹기 하면 가장 먼저 떠오르는 게 어머니와 장독대다. 어머니는 평생 동안 가족의 식탁을 행복으로 채우기 위해 매일같이 장독대의 옹기들을 잘 보살피신다. 그래서 가지런한 옹기들이 반질반질하게 윤기를 내고 있으면 어머니를 생각하는 시가 떠오르지 않을 수 없다.

"옹달샘 새벽달을 물동이에 길어 와서/ 장독대 정화수 올려 띄우시던 어머니/ 꽃산에 오르실 때에도 달은 두고 가셨다./ 운학상감 청자 말고 청화모란 백자 말고/ 어머니 손길에 닿아 윤이 나던 질항아리/ 그 사랑 어루만지고 싶다. 얼굴 부벼 안고 싶다".(이근배 시인의 시 〈어머니, 물동이에 달을 길어 오신다〉)

우리 선조들이 음식문화와 생활도구로 소중하게 사용했던 옹기의 역사와 다양한 형태를 살펴볼 수 있는 옹기민속박물관이 1991년 서울 도봉구 쌍문동에 설립되었다. 만들어진 지역과 쓰임새에 따라 다른 옹기 200여 종과 민속용품 200여 종 등 총 4,000여 점의 옹기와 민속생활용품들이 전시되어 있다.

흔히 옹기는 숨을 쉰다고 한다. 그래서 옹기의 숨구멍이 막히지 않도록 자주 닦아준다. 장독대 역시 양지 바른 곳에 돌로 평지보다 높게 쌓은 다음 옹

기들을 앞에서부터 키순으로 자리매김을 한다. 겨울을 나고 햇볕이 따뜻한 봄날에는 고추장독, 된장독도 뚜껑을 열어 둔다.

옹기는 찰흙으로 빚은 다음 부엽토의 일종인 약토와 식물성 재를 물에 함께 개어서 잿물로 만들어 그릇의 안팎으로 입힌 뒤에 1,200도 정도의 고온에서 열흘간 구워낸 그릇을 말한다.

옹기의 일종인 질그릇은 약토잿물을 입히지 않고 진흙으로만 만들어 600~700도 내외의 온도에서 구워낸 그릇이다. 잿물을 바르지 않았기에 옹기처럼 윤기가 나지는 않지만 구워지면서 검은 연기를 흡수하게 되어 검은 회색을 띤다.

굽는 불의 온도와 유약의 형태에 따라 오지, 반옹기, 옹기, 푸레독, 질그릇 등으로 부르지만 이러한 옹기들은 기본재료에 모래알갱이가 함유되어 있고 유약 역시 약토를 사용하기 때문에 가마에서 고열을 받게 되면 점토질과 모래알갱이가 이완되어 전체 표면에 미세한 숨구멍이 생긴다고 한다. 그래서 옹기에 장이나 김치를 담아 두면 숨을 쉬기 때문에 썩지 않고 천천히 발효된다고 한다.

특히 서양보다 발효식품이 발달한 우리의 음식문화에서 옹기는 없어서는 안 될 필수품으로 그 역사가 깊다. 옹기의 연원은 아직까지 정확하게 밝혀진 바 없으나, 삼국시대의《삼국사기》등을 보면, 집집마다 창고를 두고 이곳에 음식물을 저장하고 발효음식을 만들었던 풍습이나 술 빚는 것을 금지한다는 기록으로 보아 발효음식을 저장했던 옹기를 사용했으리라 보고 있다. 특히 고구려시대의 안악 3호 고분의 벽화에서도 부엌의 옹기가 묘사되어 있다. 조선시대의 화가 신윤복의 풍속화에도 부엌살림의 항아리들이 나타나지만 그 당시에는 1천여 개의 가마터가 있었다는 기록이 있다. 사옹원(司饔院)을 두어

왕실에서 사용하는 도자기의 제조와 공급을 관리하도록 하였고, 관에서 옹기
장들을 관리하기도 하였다.

조선시대 후기쯤에 서양인들이 옹기와 관련된 사진들을 남겨 지금도 가끔
은 역사의 한 장면으로 볼 수 있다. 특히 지게에 가득 옹기를 지고 다니는 옹
기장수의 모습, 옹기가마에서 일하는 모습, 청계천에서 옹기에 물을 담는 모
습, 나이어린 소녀들이 머리에는 물동이를 이고 옷고름 사이로 두 가슴을 내
밀고 있는 모습들이 그 당시의 풍습으로 남아있다.

옹기에 얽힌 사연도 많다. 1835년 프랑스의 신부가 우리나라에 처음 들어
와 비밀리에 포교활동을 하였지만 유교세력이 워낙 강해 천주교를 믿는 교인
들은 탄압을 이기지 못하였다고 한다. 프랑스 신부는 교인들의 생계를 위해
옹기 만드는 기술을 권장하였고, 산속이나 외진 곳에 있는 옹기점으로 피신
하여 그곳에서 일하면서 생계를 유지했다고 한다. 그래서 당시에는 옹기장
중에 천주교인들이 많았다고 한다.

6.25동란 이전만 해도 전국에 3,000여 개의 옹기가마가 있었지만 전쟁 중
에 파괴되었고, '60년대에 산림녹화와 입산금지로 인해 땔감을 구할 수가 없

어 그나마 남아있는 가마들도 주저앉게 되었다.

'70년대에는 서양식 생활용품으로 양은그릇, 유리제품, 플라스틱 등 값싼 물건들이 밀려들면서 수천 년 동안 사용해왔던 옹기들이 장독대에서 하나 둘 사라지기 시작했다. 새마을운동에 동원된 마을 사람들이 집을 비운 사이 양은장사들은 작대기로 항아리에 금이 가도록 하고서는 양은그릇을 팔았다고 한다. 예로부터 항아리에 금이 생기면 귀신이 붙었다하여 사용하지 않았던 관습이 있다.

오늘날에는 초가나 기와집이 줄어들고 다세대 및 아파트문화로 주거형태가 바뀌면서 장독대도 없어졌다. 고작 주택 베란다 쪽에 옹기 한두 개가 소금이나 고추장, 장을 담아놓기 위해 남아있을 뿐이다.

그러나 큰 사찰에서는 옹기들의 숫자로 신도수를 가늠할 수 있을 정도로 흔히 볼 수 있다. 또는 섬진강가 하동 근처의 매실마을에는 사람 키보다 큰 수많은 옹기들이 매실 담그는 용기로 사용되고 있어 그러한 곳이나 가야 구경할 수 있다.

과거에는 식구 많고 잘 사는 집일수록 장독대가 넓고 큰 옹기가 있었다. 유년시절을 되돌아보면, 살림이 어려운 사람들은 장독대의 고추장, 된장을 훔쳐가기도 하였다. 장독대에는 간장독, 된장독, 깻잎장아찌독, 고추장독, 동치미독, 김칫독, 젓갈독, 양념독 등등 음식장만에 필요한 것들은 모두 있었다.

손 없는 날 장을 담그기 위해서는 정성이 이만저만이 아니다. 장을 담근 항

아리에 금줄(짚으로 꼰 새끼줄)을 두르고 금줄 사이에 숯 조각과 빨간 고추를 끼운다. 항아리 안에도 숯과 고추를 띄우기도 한다. 예로부터 우리 조상들은 빨간색이 잡귀와 액운을 막아준다고 믿었다. 심지어 잡귀를 막기 위해서 버선모양의 한지를 오려 장항아리에 거꾸로 붙여 놓으면 장 항아리에 붙으려던 귀신이 버선코에 잡힌다는 것이다. 그리고 하얀색의 버선모양이 햇빛을 받아 빛나면 항아리 주면의 벌레들도 버선에 모여든다는 것이다.

이곳 옹기민속박물관 지하 1층은 옹기 전시실로 식생활옹기를 비롯하여 거름통, 요강, 화로, 굴뚝, 독우물 등 주거생활용과 악기용 옹기 그리고 업단지와 성주단지 등 민간신앙용 옹기가 전시되어 있다.

일반적으로 큰 옹기를 항아리라고 하거나 독이라고 하는데, 분항아리, 물항아리, 쌀항아리, 술항아리 등 그 쓰임새에 따라 조금씩 크기나 모양새가 다르다. 술항아리는 높이가 103㎝에 입지름이 62㎝, 배지름 79㎝로 일반 성인도 거뜬히 들어갈 수 있는 규모다.

큰 항아리 중에 독받이라고 일컫는 게 있다. 조선시대에 아이를 낳지 못하는 여인을 대신해서 아이를 낳아주는 직업적인 여인을 씨받이라고 하였다.

이와 비슷한 의미의 독받이는 짝 잃은 여인을 구원해주는 항아리다. 달 밝은 길일을 택하여 혼자 사는 남정네가 쌀항아리 속에 여인을 숨겨 마을을 빠져나가는 것이다.

그러다가 지나가던 사람이 눈치 채고 "이 밤중에 무슨 독나들이여?" 하면 남정네는 쑥스러워서 어쩔 줄 몰라했다고 한다. 오는 도중에 넘어져 항아리가 깨지기라도 하면 인연이 맞지 않다고 하여 없었던 일로 넘기고 말았다고 한다. 이러한 풍습으로 홀로된 사람들끼리 중매가 이루어졌다고 한다. 그래서 독받이는 홀로 사는 여인에겐 구원의 꽃가마 대용이었다.

옹기의 쓰임새는 너무도 다양하다. 음식과 연관된 옹기들로는 목이 긴 술병, 여러 개의 조그마한 단지가 하나의 손잡이에 달라붙은 양념단지, 보리나 깨를 갈았던 확독, 위 아래의 폭이 거의 같고 길쭉한 젓갈독, 술 내리는데 사용했던 소줏고리, 콩나물시루, 떡시루 등등 모양새도 다양하다.

생활용기로 사용한 것 가운데는 요강, 등잔, 질화로, 불씨통, 재떨이, 오지베개, 연적, 수저통과 필통, 옹기 굴뚝 등이 있다. 이외에도 약탕기, 부항단지, 오줌통, 악기의 일종인 훈, 옹장구, 말 등이 있다. 가정에서 민간신앙으

로 섬겨지는 업단지는 뱀항아리라고도 부르는 데 집의 뒤뜰 으슥한 곳이나 곳간, 마루 밑에 둔다. 집안에 살고 있는 구렁이나 두꺼비를 업이라 하는데 그 속에 들어가 겨울을 나도록 했다.

항아리 하나만 보더라도 지역마다 생김새가 조금씩 다르다. 강원도는 길쭉하고 서울, 경기지역은 배지름과 밑지름이 비슷하고 경상도는 배지름에 비해 밑지름이 좁고 전라도는 배지름을 중심으로 둥그렇다.

70~80년대까지만 해도 시골 장터 한구석에는 옹기 파는 곳이 있었는데 그 모습을 볼 수 없어 아쉽다. 그러나 옹기가 친환경적이고 통기성, 방부성, 견고성, 경제성이 있고 숨 쉬는 그릇이라고 증명되면서 요즈음엔 디자인이 아름다운 쌀독과 양념그릇들이 판매되고 있다.

이곳 옹기민속박물관 2층은 민속생활용품 전시실로 장인의 솜씨가 담긴 목공예, 짚풀공예, 종이공예, 금속공예 등과 관혼상제, 무속, 신앙용품 등이 전시되어 있다. 그리고 1층의 단청 전시실을 비롯하여 야외에는 장독대와 굴뚝, 석탑, 석등, 맷돌 등이 전시되어 있고 한쪽 켠에서는 옹기체험교실을 열고 있다.

흙에서 와서 결국은 흙으로 돌아가는 옹기와 사람의 만남이 우리 인류의 삶을 이어왔다. 비록 흔하지 않은 물건이지만 이곳 옹기박물관에서 만나는 유물들은 선조들의 체취가 물씬 배어있어 보는 것만으로도 포근하다.

● ● ● 옹기민속박물관 이용 안내

◆ **휴관일**은 매주 월요일, 1월 1일, 설연휴, 추석연휴이며
  개관시간은 오전 10시 ~ 오후 5시(하절기는 오후 6시)이다.
◆ **입장료**는 성인 3,000원, 어린이 2,000원이다.
◆ **교통편**: 지하철 4호선 수유역 3번 출구로 나와 120번, 170번 버스 이용하거나
  파랑색버스 120, 109, 144, 151, 170번, 초록색버스 1114,1118, 1120, 1144, 1161, 1218번을 승차하여
  서라벌중학교 하차 옹기민속박물관길로 100미터 진입하면 된다.
◆ **옹기민속박물관** 주소 : 서울시 도봉구 쌍문1동 497-15
◆ **전화 : 02)900-0900** 홈페이지 http://www.onggimuseum.org

한국의 특수박물관
옛길박물관

길은
우리에게
희망이고
행복이다

길은 어쩌면 희망이다. 어렸을 때 작은 언덕길 너머에는 누가 살고, 저 산 너머에는 어떤 세상이 있는지 궁금했다. 나이가 들면 들수록 더 멀리 가보고 싶은 희망은 커진다.

과거 우리 선조들은 대부분 군이나 도 경계를 길 따라 넘어설 수 있었지 국경을 넘는 일은 쉽지 않았다. 그러나 오늘날은 바다에 난 길, 하늘에 난 길을 따라 지구촌을 이웃처럼 드나들 수 있는 세상이다.

그러기에 길은 인류의 문명이 교류하는 통로이다. 인류 역사상 가장 오래된 교역로로 중국의 차와 티베트의 말이 오고 갔던 차마고도(茶馬古道)는 기원 전에 만들어진 길이다. 길이가 약 5,000㎞에 이르는데 평균 해발고도가 4,000m 이상인 높고 험준한 산과 협곡을 뚫어 아슬아슬하게 만든 세계에서 가장 아름다운 길로 2003년 유네스코에 의해 세계 자연문화유산으로 등재되었다.

우리나라의 역사 속에서 길에 대한 이야기 중에 《신증동국여지승람》에 보면, 고려 태조 왕건이 견훤과 전투를 벌이기 위해 남하하다가 문경에 이르렀는데 길이 막혔다. 마침 토끼 한 마리가 벼랑을 따라 달아나길래 이를 쫓아가

다가 보니 길을 낼만한 곳을 발견하여 벼랑을 잘라 길을 냈다고 한다. 그 길을 토끼비리 또는 토천(兔遷)이라고 불렀다.

길은 또한 주요 도시를 형성할 때 만들어진다. 사람이 모여 살기 위해서는 풍부한 물이 있어야 하기에 큰 강을 끼게 되고 사방으로 통할 수 있는 길이 만들어져야 했다.

특히 우리나라는 토목공학 기술이 뛰어나 최근 몇 년 사이에 지도를 바꿔 놓을 만한 새로운 길들이 전국적으로 개설되었다. 고향에 몇 년만 안 가보면 못 보던 길이 새로 나있어 낯설어지는 경험을 누구나 느낄 정도이다.

이러한 길의 역사와 길에 얽힌 인생사를 더듬어 볼 수 있는 박물관이 있다. 문경시가 문경새재 도립공원 입구에 한옥형태로 건립한 《옛길박물관》이다.

문경새재는 우리나라 산의 등줄기인 백두대간에 위치하며 서울을 중심으

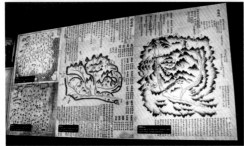

로 기호지방과 백두대간 남쪽지역인 영남지방을 연결하는 고갯길로 조선시대에 개통되어 문화 교류의 중심지이자 군사적 요충지로 주목받았다.

이곳을 지나던 수많은 시인묵객들은 문경의 아름다운 경관과 인생을 회고하는 주옥같은 문장들을 남겼다.

조선시대 생육신의 한 사람이었던 매월당 김시습은 문경의 조령(鳥嶺)을 넘어 시골 사람의 집에 묵으면서 다음과 같은 시를 썼다.

"조령은 남북과 그리고 동서로 나누는데/ 그 길은 청산 아득한 곳으로 들어가네/ 이 좋은 봄날 영남으로 돌아가지 못하니/ 저 소쩍새만 한밤중 바람에 울어 지새네."

김시습은 삼각산 중흥사에서 공부하다가 수양대군이 단종을 내몰고 왕위에 올랐다는 소식을 듣고 통분하여 책을 태워버리고 중이 되어 9년간 방랑하면서 여러 권의 여행기록문을 쓰기도 했다.

옛길박물관에서는 옛 선조들의 기행문집뿐만 아니라 다양한 향토지리지 등도 볼 수 있다. 박물관 1층에서는 길을 나서면서 챙겨가야 할 도구들을 제일 먼저 만나게 된다. 조선시대에 신분을 증명하기 위해 16세 이상의 남자가 가지고 다녔던 호패를 비롯하여 표주박, 붓과 연적, 먹물통, 노잣돈, 휴대용 팔도 지도, 작은 논어책 등등.

그리고 문경의 선사시대 유적지에서 출토된 각종 유물과 문중에서 기증한 유물들이 전시되어 있다. 특히 국가지정문화재 중요민속자료로 지정된 문경 평산신씨 묘 출토복식과 문경 전주최씨 묘 출토복식은 16세기 조선시대의 의생활과 복식문화를 엿볼 수 있는 귀중한 자료이다.

또한 조선시대에 간행된 다양한 지도를 볼 수 있다. 세계지도에 해당하는 혼일강리역대국도지도는 1402년 권근, 김사형, 이무, 이회 등이 비단에 채색한 지도로 현재 일본 교토의 류코쿠대학 도서관에 소장되어 있다. 이 지도를 보면 중국과 연계된 대륙이 대부분을 차지하고 있고 오른쪽에 우리나라가 그리고 왼쪽에 이탈리아와 유럽 등이 그려져 있는데 유럽 전역의 크기가 우리나라의 크기와 별 차이가 나지 않을 정도로 유럽이 축소되어 있고 우리나라의 형태는 지금의 지도와 흡사하다.

우리나라는 일찍이 고려시대부터 전국적으로 역원제도(驛院制度)에 따라 역과 원이 조성되었으며, 조선시대로 이어지면서 더욱 그 수가 늘어난다. 영남대로, 의주대로, 산남대로, 관동대로 등의 간선도로가 서울을 중심으로 전국 사방으로 연결되고 역과 원이 형성된다.

역은 중앙과 지방간의 왕명과 공문서를 전달하고 물자를 운송하며 사신의 왕래에 따른 영송과 접대 및 숙박의 편의를 제공하는 것을 주로 담당하였다. 원은 일반 상인이나 여행자들의 숙식을 위해 설치된 시설로 상업과 민간교통의 발달에 중요한 역할을 했던 장소다.

역은 고려시대에 22역도 체제에서 조선시대에는 41역도와 524개의 속역을 전국적으로 설치하였다. 역은 30리(12㎞)마다 설치되었으며 원은 10리마다 설치되는 것이 원칙이었고 원은 조선 후기 들어 주막이나 여점 등으로 그

기능이 옮겨갔다. 지금도 버스터미널 부근이나 기차역 부근에 숙박시설과 주점이 모여 있는 이유는 과거나 지금이나 이동인구가 모여 있는 곳이기 때문이다.

주점에서 술이나 밥을 먹으면 보통 음식값 이외에는 숙박료를 따로 받지 않았고 손님에게 침구를 따로 제공하는 일도 드물었다. 먼저 들어온 사람이 아랫목을 차지하는 것이 불문율이었는데, 좁은 방에서 10여 명이 혼숙하기도 하였다.

조선시대의 이러한 주점이나 여점이 오늘날에는 먹고 자는 곳으로 분류되어 룸살롱, 빠, 단란주점이나 여관, 모텔, 호텔 등으로 변모해 이어져 오고 있다.

옛길은 본래 통치의 목적으로 닦은 것이지만 산업이 발달하면서 중부, 남부의 도로망이 보다 조밀하게 짜여졌다. 조선시대에는 도로를 중요도에 따라 대로, 중로, 소로로 나누고 각각의 도로 폭은 대로 12보, 중로 9보, 소로 6보로 정했다. 도로변의 시설로는 도로표지로 일정한 거리마다 돌무지를 쌓고

장승을 세워 사방으로 통하는 길의 거리와 지명을 기록했고 주요 도로에는 얇은 돌판을 깔거나 작은 돌, 모래, 황토 등으로 포장을 하였다.

2층의 미디어 영상관에서는 사람과 길에 대한 이야기를 애니메이션과 영상으로 만나 볼 수 있다.

특히 조선시대의 과거시험과 연관 지어 과거길, 장원급제길, 낙방길로 구분하여 관련 자료와 풍속화를 통해 당시 선비들의 과거준비에 대한 모습을 보여주고 있다. 영남의 선비들이 과거를 보러가기 위해서는 문경새재와 추풍령, 죽령을 넘어야 했다.

그런데 과거를 보러가던 선비들이 문경새재를 고집했던 이유는 문경(聞慶)이라는 지명이 "경사스런 소식을 듣는다"는 뜻이었기 때문이며 반면 죽령을 넘으면 죽죽 미끄러지고 추풍령을 넘으면 추풍낙엽처럼 떨어진다고 생각했기 때문이다.

과거길에서는 과거를 보러가는 선비들의 준비물과 시험지 등을 볼 수 있고 장원급제길에서는 합격교지를 비롯하여 과거에 급제한 후 다채로운 의식과 축하행사에 대한 기록들을 볼 수 있다.

국왕은 급제자에게 종이로 만든 꽃인 어사화(御賜花)와 왕을 만날 때 손에 쥐는 홀, 술과 과일을 하사하였다. 그리고 급제자들에게 은영연(恩榮宴)이라는

축하연을 베풀어 주었다.

고향으로의 귀향길에는 연회자들이 초청되어 고향에 이를 때까지 삼현육각을 연주하고 각종 연회를 펼치기도 하였다. 고향에 도착하면 그곳 수령과 향리들의 환영을 받았다. 향교에서 알성례를 올리고 수령이 급제자와 부모를 불러 주연을 베풀어주었다.

낙방길에서는 그야말로 낙방자들의 좌절과 아픈 심정을 글로 남기기도 하고 재수, 삼수를 다짐하는 결의의 글을 남기기도 했다.

우리나라는 사계절이 뚜렷하고 산과 강을 비롯하여 삼면이 바다로 둘러싸인 아름다운 금수강산을 가지고 있다. 그래서 우리의 선비들은 풍류와 여행을 즐겼다. 삼한시대부터 추수감사제와 같은 제천의식을 거행하면서 먹고 마시기를 즐겼고 선조들의 기행에 관한 수많은 어록들이 지금까지 전해지고 있다.

문경 출신의 학자로 조선팔도의 이름난 명승지를 둘러보고 여행길을 상세하게 기록한 옥소 권섭(權燮)의 《유행록》과 박지원의 《열하일기》, 김종직의 《점필재집》 등 여행기록 문집들이 전시되어 있다.

끝으로 2층에서 다양한 길의 모습을 사진으로 볼 수 있는 갤러리는 우리나라의 아름다운 길, 한국의 옛길, 우리가 걷는 길 등으로 네티즌들과 방문객의 참여로 운영되는 열린 전시공간이다.

문경의 옛길박물관에서 보는 길의 역사와 그에 담긴 선조들의 삶과 풍류를 보니 어렸을 때 저 언덕 너머엔 누가 살까. 그리고 어떤 세상이 펼쳐져 있을까 하는 궁금증과 가보고 싶은 희망은 그때나 지금이나 변함이 없다는 것을 느낄 수 있었다. 그래서 길은 우리에게 희망이고 행복이라서 오늘도 건설되고 있나보다.

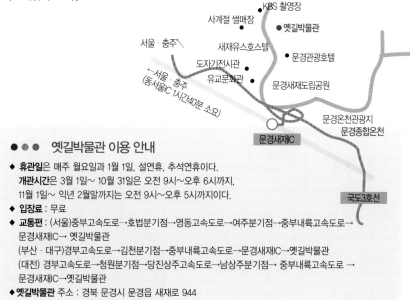

KBS 촬영장
사계절 썰매장
옛길박물관
서울·충주
새재유스호스텔
문경관광호텔
도자기전시관
유교문화관
서울·충주
(동서울IC 1시간40분 소요)
문경새재도립공원
문경온천관광지
문경종합온천
문경새재IC
국도3호선

● ● ● **옛길박물관 이용 안내**

◆ **휴관일**은 매주 월요일과 1월 1일, 설연휴, 추석연휴이다.
  개관시간은 3월 1일~ 10월 31일은 오전 9시~오후 6시까지,
  11월 1일~ 익년 2월말까지는 오전 9시~오후 5시까지이다.
◆ **입장료** : 무료
◆ **교통편** : (서울)중부고속도로→호법분기점→영동고속도로→여주분기점→중부내륙고속도로→
  문경새재IC→ 옛길박물관
  (부산·대구)경부고속도로→김천분기점→중부내륙고속도로→문경새재IC→옛길박물관
  (대전) 경부고속도로→청원분기점→당진상주고속도로→남상주분기점→ 중부내륙고속도로 →
  문경새재IC→옛길박물관
◆ **옛길박물관** 주소 : 경북 문경시 문경읍 새재로 944
◆ 전화 : **054)550-8365~8** 홈페이지 http://www.oldroad.go.kr

한국의 특수박물관
익산보석박물관

인간이
욕망하는
아름답고 진귀한
·보석

보석은 귀한 것이어서 누구나 쉽게 가질 수 없는 물건으로만 알았으나 요즈음은 그렇지도 않다. 결혼 예물로 받기 이전부터 쉽게 지닐 수 있는 흔한 물건이 보석이다.

그러나 얼마 안 되는 과거에는 그리 흔한 물건이 아니었다. 신파극 〈이수일과 심순애〉를 보면 이수일과 심순애는 연인 사이였는데, 경성의 부자 집안인 김중배가 심순애에게 결혼을 요청하자 심순애는 뿌리치지 못하고 결국 결혼을 하게 되었다. 그러자 복수심에 불타고 있던 이수일이 심순애에게 "김중배의 다이아몬드가 그렇게 좋더냐?"라고 했던 말 한 마디가 생각난다. 다이아몬드 하나에 사랑하던 이수일을 차버리는 보석의 유혹을 당시의 신파극이 잘 보여주고 있다.

보석의 매력은 신비스런 아름다움과 희소가치와 영원성이 있기 때문이다. 그래서 보석은 보물이라고도 하고 인간의 마음을 이끄는 매력이 있는 것이다.

인류의 역사와 함께 해온 장신구문화 속에서 가치 있는 보석을 지니는 것은 이제 아름다움을 돋보이게도 하지만 부의 상징이 되기도 한다.

　특히 다이아몬드는 세계적으로 공인된 보석 중에 최고 가치를 지니고 있다. 이러한 다이아몬드를 비롯하여 눈을 현혹시킬만한 수많은 보석 세공품과 원석 등 11만여 점을 소장하고 있는 보석박물관이 2002년 전북 익산에 익산 보석박물관으로 개관하였다.

　주요 시설로는 지하 1층, 지상 2층의 연면적 1,879평 규모의 보석박물관과 연면적 282평의 화석전시관이 있으며 기타 보석판매 코너, 상설전시장, 야외에는 각종 공룡모형으로 꾸며진 전시장이 있다.

　본래 익산은 백제가 추진했던 신도시였고, 향가 〈서동요〉의 주인공인 7세기 백제 무왕이 신라 선화공주와 함께 조성한 것으로 알려진 미륵사지가 있었던 고장이다. 지금은 터만 남은 곳에 미륵사지 석탑을 복원하고 있는데 지금까지 석탑에서 출토된 유물들로 금제구슬 370여 점과 유리구슬 등 4,800여 점이나 된다.

이토록 백제시대의 귀금속 세공기술의 역사가 살아 숨쉬는 고장이 1975년 수출자유지역으로 지정되었고 국내 유일의 귀금속보석산업단지가 들어서게 되었다. 단지 내에 120개 업체가 입주하였고 1,100명의 기능인들이 뛰어난 세공기술로 각종 장신구를 만들어 세계 시장에서 연간 약 6,500만 달러의 수출고를 올리기도 했다.

지금은 익산시 왕궁면에 귀금속보석클러스터를 조성하고 있고 입주업체들의 상품판매를 위해 익산보석박물관 옆에 대규모의 전시판매센터를 건립하고 있다. 그래서 앞으로 익산보석박물관에 오면 우리 기술로 만들어진 보석들을 값싸게 구입할 수 있는 또 하나의 기회를 가지게 된다.

보석박물관을 입장하는 관람객이 처음 맞이하는 대형 피라밋 형태의 박물관 건물이 마치 세공된 보석의 각을 보여주는 것 같다. '인식의 장'에서는 백제의 보석관련 장인기술과 그 정신

을 소개하는 공간으로 입점리 금동신발 등 실제로 출토된 유물을 복제 전시하여 백제인의 놀라운 보석세공기술을 관람할 수 있다. 또한 고대문명의 발달과정을 대형 이미지패널과 〈보석으로의 역사기행〉이란 주제의 영상을 통해 보석의 의미, 최초의 사용시기, 대중화되기 시작한 과정, 보석이야기 등을 소개하고 있다.

그리고 '체험의 장'은 우주의 빅뱅에 의한 지구와 보석의 탄생, 보석의 정의, 보석의 결정 구조를 이해하고 보석감정 기기를 통하여 직접 체험해보는 공간이다.

보석을 가지고 미륵사지 미륵탑을 제구성한 작품과 오봉산일월도, 여러 가지 목화석 등을 구경할 수 있는 '아트갤러리'를 지나 '역동의 장'에 이르면, 동굴벽의 광맥, 채굴 모습, 채굴 장비, 채굴 방법, 보석의 다양한 이용 등을 영상으로 볼 수 있다. 그리고 '감동의 장'은 전시실이 3개로 나누어져 있는데 일반 광물을 비롯하여 토파즈와 같은 준보석과 다이아몬드 등의 수많은 보석들로 만들어진 장신구들을 볼 수 있다.

'결실의 장'에서는 전반적인 보석의 역사, 과학, 산업, 아름다움, 즐거움을 체험할 수 있다. 특히 전국 보석 공모전 수상 작품과 우리나라의 보석가공 산업의 자랑거리인 귀금속조합에서 가공, 생산된 완제품을 볼 수 있다.

보석전시관을 둘러보고 제2전시관인 화석전시관으로 옮겨가면 공룡시대

의 다양한 공룡화석뿐만 아니라 식물화석 등을 볼 수 있다.

이 지구상에서 광물학자들에 의해 발견된 광물의 수는 약 3,500여 종으로 이 중 약 100여 종만이 보석 가공재로 사용할 수 있다고 한다. 왜냐하면 보석이 될 수 있는 자격은 아름다움과, 희소성, 내구성, 수용 또는 유행, 전통성, 휴대성을 갖출 수 있어야만 하기 때문이다.

보석이 지니는 가치와 의미는 시대에 따라 바뀌어가고 있다. 아주 오랜 과거에는 보석이 특수신분에 있는 소수계급의 전유물로 인식되었으며 결혼이나 소중한 행사를 기념하는 예물로 사용되어 왔고, 점성가들은 보석에는 초

자연적인 힘이 있는 것으로 여겨 12궁을 상징하는 보석을 배열하여 그 시기에 태어난 사람들을 보호해준다는 신화와 전설을 만들었고 이는 훗날 탄생석의 기원이 되기도 하였다.

월별 탄생석과 그 의미를 보면, 1월은 가넷(충성, 불변, 진실과 우정), 2월 자수정(사랑, 진실, 성실, 정조, 마음의 평화), 3월 아쿠아마린(젊음, 행복, 희망, 건강), 4월 다이아몬드(영원한 사랑, 행복, 순결), 5월 에메랄드(행복), 6월 진주(인생의 행운과 건강, 장수, 부귀, 아픔, 눈물), 7월 루비(열정, 용기, 자유), 8월 페리도트(부부의 행복, 친구와의 화합), 9월 사파이어(진리와 불변, 충실, 희망, 자애), 10월 오팔(희망, 충성, 인내, 행운), 11월 토파즈(희망과 부활), 12월은 터키석(성공, 용기, 행운)이다.

1월의 가넷은 루비와 비슷한 붉은색을 띤다. 우리말로 석류석이라고도 하는데, 여행길에 가넷을 지니고 떠나면 어떤 위험도 물리쳐준다고 믿었으며 죽음으로부터 보호해준다 하여 십자군전쟁 때는 전투지를 향하는 병사들이

몸에 지니기도 했다.

　4월의 다이아몬드는 보석의 왕으로 지구상에 존재하는 천연광물 중에 가장 강한 것으로 알려져 있다. 전설일지는 모르지만, 사막에서 갈증에 허덕이던 어머니가 다이아몬드를 넣은 꿀을 마시자 금세 다 죽어가는 아이에게 젖을 줄 수 있어 아이를 살릴 수 있었다고 한다. 그래서 여성들이 반드시 간직해야 하는 수호석이라고 여겨졌다.

　7월의 루비는 정열적인 애정을 나타내는 사랑의 보석으로 옛날에는 루비가 태양을 상징하는 신비한 보석으로 많은 사람들이 이것을 소유하면 건강은 물론 부와 삶의 지혜까지도 가질 수 있는 축복을 받는다고 믿었다. 그리고 루비는 왕관을 만드는 데 어느 보석보다도 많이 쓰이는 보석이었다. 9월의 사파이어는 자애와 성실과 진리의 상징으로 로마 바티칸 교황청 추기경 전원이 사파이어 반지를 낀다고 한다. 이것은 12세기부터 레네스 주교에 의하여 시작된 전통으로 오랜 역사 속에서 성직자의 오른손 중지에 끼워져 교회의 상징으로 쓰여진 보석이다.

　여러 가지 보석 중에 우리가 흔히 큰 보석으로 봐왔던 것이라면 할아버지의 윗저고리에 단추처럼 매달려 있는 호박일 것이다. 호박은 인류가 사용한

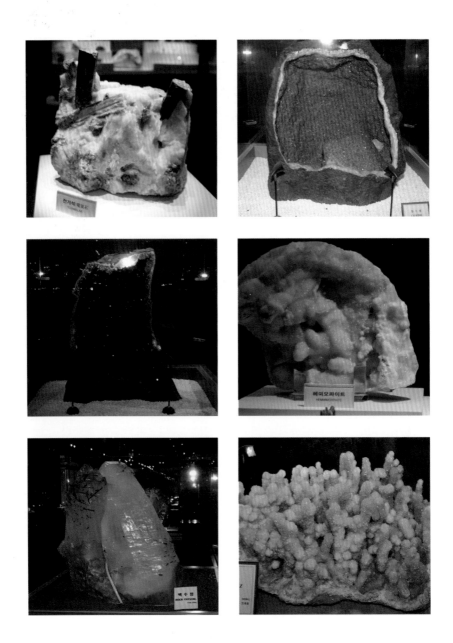

최고의 장식 보석의 하나이다. 이미 이집트나 스위스에서 혈거인들이 호박을 여러 가지로 조각하여 사용했던 유물들이 발견되었다. 동양에 있어서는 옛날부터 칠보의 하나로 귀중하게 여겨왔으며 우리나라도 중국에서와 같이 고대로부터 장신구로 애용해 왔다.

고대로부터 보석을 어떻게 사용해 왔는가를 보면 주로 반지, 목걸이, 귀걸이, 브로치, 팔찌 등으로 사용해 왔다. 반지는 결혼반지나 주교의 반지 등 계약과 상징의 의미로 사용되어 왔다. 4,500년경 이집트의 투탄카멘 왕이 스캐럽모양의 금에 라피스라줄리가 박힌 반지를 만들어 사용했다. 로마사람들도 반지를 즐겨 끼었는데 황제 헤리오가드라스(218 ~ 222년)는 같은 반지를 두 번 다시 끼지 않을 정도였다고 한다.

목걸이는 프랑스의 부르봉 왕조나 영국의 엘리자베스, 빅토리아 왕조 때에는 왕실 재산의 상징이 목걸이의 질로 결정될 정도였다고 한다. 특히 양식 진주의 발달은 전 세계적으로 진주목걸이를 보급시켰으며 오늘날에도 그 인기는 여전하다.

귀걸이의 역사를 보면, 모세가 신전을 세웠을 때 이스라엘 부녀자들은 귀걸이를 달았다는 기록이 있고 이집트의 피라미드에서도 금이나 은 세공의 귀걸이가 발견되었다. 로마 폼페이 유적에서는 한 쌍의 진주 귀걸이가 나와 오늘날에도 박물관에서 볼 수 있다.

보석과 관련된 한 가지 에피소드를 들자면, 세계 최대의 다이아몬드는 1095년에 남아프리카 '프레미어 다이아몬드' 광산에서 3,106캐럿의 다이아몬드를 채굴하였다. 당시 프레미어 광산 회장은 보석의 이름을 '컬리난'이라 했는데, 과연 이 보석을 누가 살 것인가, 의구심을 가졌는데 남아프리카의 군인 루이즈 보더 장군이 15만 폰드를 지불하고 사들여 남아프리카의 토란즈빌 정부로부터 당시 영국 국왕이었던 에드워드 7세의 탄생 축하연에 헌상되었다.

세계의 이름난 도적들이 이를 노릴 텐데 남아프리카에서 런던으로 어떻게 옮겨야 할지 고민하다가 영국의 한 보험회사에 보석값과 같은 50만 폰드의 돈을 지불하고 맡겼다. 안전하게 운반하는 수단으로 보석 컬리난을 소포처럼 위장하여 담배 케이스에 넣은 뒤 우체국 창구에 접수시키고, 세계적인 대도들을 위해서는 쓸모없는 돌멩이 하나를 단단히 포장하여 엄중한 경비 속에 영국까지 운반하였다. 결국 담배 케이스 속의 보석은 런던까지 무사히 도착하였고 완벽한 경비에도 불구하고 돌멩이는 도둑맞고 말았다.

소중한 보석은 아끼고 오래 소장하게 되지만, 흔히 결혼생활 몇 년 지나면 장롱 깊숙이 돌반지 몇 개쯤은 숨겨놓고 산다. 그게 꼭 필요할 때 집안에 큰 도움을 주기도 한다. 요즈음 같이 금값이 치솟을 때 내다 팔면 횡재 맞은 기분이다. 그러나 친구네 돌잔치에 가려면 돌반지 사 가기가 겁난다. 그래서 돌잔치 집에서 돌반지 구경하기도 힘든 세상이 되어가고 있고 과거의 아름다운 미풍양속이 현금으로 건네져야 하니 쑥스럽기도 하다.

보석은 사람을 즐겁게 하고 아름답게도 하지만, 너무 값이 오르면 그림의 떡이니 아쉽기도 하다. 그러나 한국 최대의 익산보석박물관에서 보석의 종류와 가치 그리고 역사를 배우고 더불어 품질 좋은 보석을 저렴한 가격에 흥정할 수 있는 기회를 가져보는 것도 즐거운 일일 것이다.

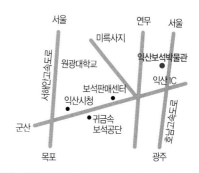

●●● 익산보석박물관 이용 안내

◆ **휴관일**은 매주 월요일, 매년 1월 1일 **개관시간**은 오전 10시 ~ 오후 6시이다.
◆ **입장료**는 성인 3,000원, 청소년 및 군인 2,000원, 어린이 1,000원
　6세 이하 및 경로는 무료이고 단체는 할인된다.
◆ **교통편** : 호남선 철도 익산역 하차하여 익산 IC방향 시내버스 이용(일반 64, 73, 74-1, 좌석 555번),
　서해안고속도로 동군산IC에서 나가 호남고속도로 IC방향으로 30㎞ 가서 호남고속도로를 타고
　익산IC에서 나가면 팔봉정류소 부근이다. 직행버스 이용시 서울남부터미널에서 익산IC로 빠져
　0.9㎞ 가면 박물관이 보인다.
◆ **익산보석박물관** 주소 : 전북 익산시 왕궁면 동용리 575-1번지
◆ 전화 : **063)859-4641~2**, 홈페이지 http://www.jewelmuseum.go.kr

한국의 특수박물관
경보화석박물관

화석은
과거로 가는
지구여행의
안내자

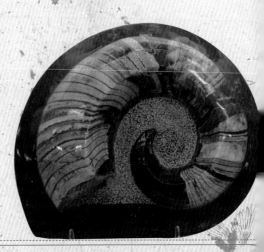

지구의 역사를 약 46억 년으로 보고 있다. 약 44억 년 전에는 태양계의 다른 행성들과는 달리 지구에는 바다가 만들어지고 생명체가 탄생하게 된다. 그리고 34억 6천만 년 전에 존재했던 박테리아 화석이 호주에서 발견되었는데 지금까지 발견된 화석 중에 가장 오래되었다고 한다.

지구에 어떠한 변화가 일어났고 어떤 생명체가 살았는지를 알 수 있는 근거가 바로 화석이다. 최초의 인류가 출현한 시기를 신생대 제3기 플라이오세 (530만 년 ~ 180만 년 전)로 보고 있다. 그러니 화석은 인류가 출현하기 이전의 역사를 증명해주는 지구역사의 유물이라고 볼 수 있다.

이러한 유물을 한 개인이 집념을 가지고 30여 년 간 모아 화석박물관을 만들어 지구과학의 교육의 장으로 활용하고 있다. 경북 영덕에서 포항 쪽으로 7번 국도를 따라가다 보면 장사해수욕장에서 약 5분 거리의 우측에 휴게소 같은 3층 건물과 주차장이 나오는데, 바로 이곳이 1996년 우리나라 최초의 화석박물관으로 문을 연 경보화석박물관이다.

설립자 강해중 씨는 20대의 젊은시절부터 수석을 모으는 취미를 가지고 있었다. 그러다가 어느 지인이 화석을 모으면 큰 돈이 될 거라는 말에 30여

년 동안 30여 개국을 다니면서 화석을 모았다고 한다. 그렇게 모은 화석이 수
천여 점으로 경보화석박물관뿐만 아니라 포항 구룡포에 있는 새천년기념관
내에 바다화석전시관을 운영하고 있고 2008년에는 경주 세계문화엑스포공
원 내에 화석전시관을 상시 운영하고 있다.

경보화석박물관에는 약 1,500여 점의 화석들이 시대별, 지역별, 분류별 특
징에 따라 전시되어 있다. 3층의 제1전시관에는 고생대, 중생대, 신생대 화석
이 전시되어 있다. 고생대의 삼엽충류, 중생대의 암모나이트류, 신생대의 매
머드 이빨과 상아 등이 대표적인 전시물이다. 그리고 전시실 내벽에는 지구
의 역사를 대변하는 화석에 대한 쉬운 이해를 돕기 위해 다양한 내용의 판넬
이 걸려 있다.

2층의 제2전시관은 식물화석테마관으로서 규화목을 비롯하여 다양한 식

물화석 130여 점이 전시되어 있다. 그리고 특별전시관에서는 설립자가 세계 각 나라를 다니면서 모았던 지폐를 볼 수 있고 야외 전시장에는 규화목 화석 100여 점이 전시되어 있다.

규화목은 지층에 묻힌 나무줄기가 외부로부터 물에 녹은 이산화규소가 스며들어 단백석으로 변화되어 화석상태가 된 것을 말한다. 그런 규화목들 중에 길이가 수 미터에 이르고 둘레 또한 사람이 안을 수 없을 정도로 큰 규화목들이 있는데, 해외에서 어떻게 이곳까지 옮겨 왔을까 생각하니 설립자의 화석 수집에 대한 집념을 엿볼 수 있었다.

화석(化石, fossil)이란 지질시대 즉 현재부터 약 1만년 이상으로 오래된 시대에 살았던 생물의 유해와 흔적을 가리키는데 생물체의 구조를 알 수 있는 물체, 발자국이나 생활 흔적, 배설물까지도 화석으로 취급된다.

화석을 가리키는 Fossil이란 단어는 원래 라틴어의 Fossilis에서 기인된 말인데, 그 뜻은 땅 속에서 파낸 물건이라는 의미이다. 하지만 18세기 후반에 이르러서는 오로지 지질시대에 살았던 생물의 유해와 흔적에만 사용되기 시

작하였다.

생물체가 화석으로 어떻게 보존되는가는 그 생물의 해부학적, 화학적 성질과 그 생물체가 땅에 묻힐 당시의 환경과 그 후에 속성작용(생물체가 땅에 묻힌 후 암석화가 되는 과정)이 어떻게 일어나는가에 따라 결정된다.

장구한 시간의 역사를 가지고 지하 깊은 곳에서 잠자고 있는 화석은 지구의 과거, 현재, 미래를 연결시켜 줄 수 있는 열쇠라고 할 수 있다.

화석의 역사를 크게 고생대, 중생대, 신생대로 구분한다. 고생대는 지금부터 약 5억 7천만년 전에서 2억 4천 5백만 년 전의 사이를 말한다. 고생대를 다시 캄브리아기, 오르도비스기, 실루리아기, 데본기, 석탄기, 페름기로 구분한다.

고생대의 화석으로는 주로 실루리아기의 삼엽충, 직각패, 필석, 복족류, 완족류, 석탄기의 연체류, 산호, 두족류, 데본기의 어류, 암모나이트, 육상식물, 잠자리, 석탄기의 종자양치식물, 양서류, 바다나리 등이 있다.

중생대는 2억 4천 5백 년 전에서 6천 640만 년 전까지로 트라이아스기, 쥐라기, 백악기로 나누어진다. 중생대의 화석으로는 조개류 중 다오네라, 엔토모노티스, 백악기의 공룡, 벨렘나이트, 쥐라기 어룡, 쥐라기 암모나이트, 쌍각류, 트라이아스기의 양서류, 거대 파충류, 삼각패, 이노세라무스, 시조새 등이 있다.

신생대는 6천 640만 년 전부터 현재에 이르는 시기를 말한다. 신생대를 250만년 전까지의 제3기와 이후를 제4기로 나누고 제3기를 다시 오래된 시대부터 팔레오세, 에오세, 올리고세, 마이오세, 플라이오세로 분류하고 제4기는 홍적세, 충적세로 분류된다. 우리가 살고 있는 현재는 신생대의 충적세라고 말할 수 있다.

신생대를 포유류시대라고 부르는데 중생대에 번영하였던 두족류인 암모

나이트류나 파충류인 공룡류 등이 사라지고 포유류, 조류, 경골어류 등이 번
성하였다. 그리고 무척추동물로는 유공충, 부족류나 복족류 등이 나타났고,
포유류로는 말, 코끼리, 코뿔소 등의 선조가 발전하였다.

경보화석박물관 제2전시관인 식물화석 테마관에서 시대별로 볼 수 있는
식물화석은, 고생대의 대표화석으로 페름기에 멸종된 속새류의 일종인 노목
과 페름기의 인목화석, 페름기의 양치류 화석과 종자고사리 화석이다.

중생대의 대표화석으로는 강철나무와 아로카리아가 있다. 아로카리아의
구과(cone)가 화석화 된 것은 단면화석으로 내부의 정교한 구조와 치환상태
를 관찰할 수 있다.

신생대의 대표화석으로는 물푸레나무와 편백나무, 벚나무 등이 전시되어

있다. 그리고 송진이 굳어져서 만들어진 호박 속에 약 3천만 년 전의 개미와 모기가 포함되어 있는 화석이 있는데 돋보기를 이용하여 내부의 곤충을 더 자세히 관찰할 수 있다. 아울러 아프리카 악어와 인도네시아 거북의 박제도 함께 전시되어 있다.

그밖에도 오팔로 화려하게 치환된 규화목 화석과 여러 형태로 절단된 규화목 화석으로 나이테와 내부 구조를 관찰할 수 있으며 현생식물과 비교 할 수 있도록 현생나무의 횡단면과 종단면을 함께 전시하고 있어 기나긴 시간 동안 식물이 자라온 변화를 살펴볼 수 있다.

과거 지구에 살았던 생물 중 일부만이 화석으로 보존되어 있지만 이들 화석은 지질시대의 자연과 생물의 흥망성쇠를 보여주는 지구에 대한 과거여행의 안내자이기도 하다. 생물의 발자취를 화석을 통해 더듬어본다는 것은 과학적인 사실 이외에 인간이 탄생하기까지의 오묘함과 수많은 생물 속에서

인간의 위치와 미래가 무엇인지를 깨닫게 해주기도 한다.

　우리나라는 국토의 70%가 지질시대의 오랜 선캄브리아기의 암석인 화강편마암으로 이루어져 있으며 중생대 동안에 관입한 화성암류인 화강암으로 되어 있다. 선캄브리아기의 퇴적암층은 오랜 지질시대를 거쳐오는 동안 변성작용을 받아 대부분 변성암으로 되면서 그 속에 들어 있던 화석들의 구조와 형태가 파괴되어 화석 산출이 극히 드물다.

　화성암류는 지각 내부의 용융체(마그마)가 관입 고결되어 이뤄졌기 때문에 화석이 없다. 화석이 산출될 수 있는 퇴적암의 분포는 한반도 국토의 30%에 불과하여 다른 대륙(유럽, 아메리카)들과 비교했을 때 화석의 종류와 산출량이 적은 편이다. 그러나 고생대 이후 퇴적층에서는 동물, 식물 및 미화석 등 여러 종류의 화석이 산출되고 있다.

　46억 년 지구의 신비가 살아 숨쉬는 경보화석박물관은 세계 각국에서 모

아온 다양한 화석들로 일반 국민뿐만 아니라 자라나는 아이들에게 산교육장
으로서의 역할을 다하고 있다.

　어느 지인이 설립자에게 화석 수집이 돈이 된다고 했던 그 의미를 되새겨
볼 때, 이토록 국내 최대의 화석 수집가로 박물관과 전시관 등 3곳을 운영하
는 설립자는 나라의 애국자요 지역의 교육자이자 문화의 선지자로 돈보다
귀한 명성을 얻게 된 것이다.

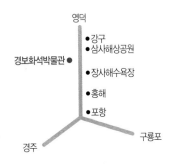

● ● ●　경보화석박물관 이용 안내

◆ **휴관일**은 없으며 평일날은 오전 8시 ~ 오후 7시, 공휴일은 오전 8시 ~오후 8시까지 관람할 수 있고
　휴가철은 오전 7시 ~ 오후 8시(7월 20일 ~ 8월 15일경)까지 관람 가능하다.
◆ **입장료**는 대인 4,000원, 중 · 고등학생 3,000원, 유치원 · 초등학생 2,000원이며 단체는 할인된다.
◆ **교통편** : 경북 영덕과 포항 사이, 동해안 7번 국도상에 위치하며 영덕에서 포항방면으로 오시는 분은
　영덕을 지나 삼사해상공원에서 차량으로 약 10분 거리의 오른쪽에 위치해 있다.
　포항에서 영덕방향으로 오시는 분은 국도상의 장사해수욕장을 지나 차량으로 약 5분 거리의
　왼쪽에 위치해 있다.
◆ **경보화석박물관** 주소 : 경상북도 영덕군 남정면 원척리 267-9
◆ 전화 : **054) 732-8655, 732-6025** 홈페이지 : http//www.hwasuk.com

정보통신대국의
희망을 싹틔운
금속활자
인쇄술

　최근 세계 유수의 언론들이 금속활자 인쇄술이 인류 역사를 통 틀어 가장 위대한 발명이었다고 발표했다. 독일의 구텐베르크가 1450년 금속활판 인쇄술 발명과 1455년에 성경을 인쇄하기도 했지만, 루터가 가톨릭의 면죄부 판매를 비판하기 위해 '95개조 반박문'을 대량 인쇄하여 유럽 전역에 퍼뜨림으로써 종교개혁에 부채질을 하게 되었다. 이후 인쇄술은 산업혁명, 시민혁명 등과 같은 서양 역사를 바꾸는 데 막대한 영향력을 발휘하였다.

　그러나 우리나라는 구텐베르크보다 70여 년이나 앞서 세계 최초로 금속활자인쇄본인《백운화상초록불조직지심체요절(白雲和尙抄錄佛祖直指心體要節)》(이하 〈직지〉)을 1377년에 청주 흥덕사지(사적 제315호)에서 간행하였다.

　청주시는 우리 민족이 세계 최초로 금속활자 인쇄를 창안하여 발전시킨 문화민족임을 널리 알리고, 인류 문명사에 빛나는 선조들의 자랑스러운 문화유산을 길이 보존하고자 1992년 3월 흥덕사 옛 터를 정비하고 청주고인쇄박물관을 건립하였다.

　〈직지〉는 2001년 6월 청주에서 열린 '제5차 유네스코 세계기록유산국제자문회의'에서 빼어난 가치를 인정받아 '세계기록유산'으로 그 해 9월 4일 등재

되었다.

대지 12,400평에 연면적 421평으로 나지막한 산과 어우러져 있는 박물관 내에는 고서를 비롯하여 고인쇄기기, 흥덕사 출토유물 등 약 800여 점이 전시되어 있다. 박물관 내부의 1층은 기대의 공간과 발견의 공간, 이해의 공간과 체험의 공간으로, 2층은 확산의 공간으로 구분되어 있다. 현관에 들어서면 먼저 〈직지〉와 흥덕사를 설명하는 매직비젼, 〈직지〉 관련 유물과 흥덕사 출토 자료들을 볼 수 있다.

박물관을 소개하기 전에 고인쇄란 무엇이며 한국의 고인쇄기법은 어떤 차별성을 가지고 있는가를 알아두는 것이 박물관을 이해하는 데 도움이 될 것이다.

붓으로 종이에 직접 쓰거나 베껴 쓴 책은 사본 또는 필사본이며, 나무판에 글씨를 거꾸로 새기고 그 위에 먹을 칠하고 종이를 엎어놓고 부드러운 것으로 밀어서 찍어낸 책이 목판본이다. 나무나 금속으로 글자 한 자씩 만든 것을 활자라고 하며 원고 내용대로 활자 한 자 한 자를 고른 다음 순서대로 책판 틀에 고정시키고 찍어낸 책이 활자본이다. 이 활자본은 다량으로 찍어낼 수 있다는 장점이 있어 인쇄문화 발달에 크게 기여하게 된다.

그리고 관청에서 찍어낸 책은 관판본, 절에서 찍어낸 책은 사찰본, 조선시대 국왕, 대군, 왕비 등이 간행한 서적을 국왕 및 왕실판, 서원에서 간행한 책을 서원판, 개인이 자비로 간행한 시문집, 족보 등은 사가판, 민간이 영리를 목적으로 찍어낸 책은 방각본이라 한다. 또한 사진으로 찍어 그대로 인쇄한 것은 영인본, 사진이 아닌 목판에 다시 새겨 찍은 책은 복각본이라 한다.

우리나라의 고서는 중국, 일본 책들과 비교할 때 특이한 점을 가지고 있다. 책의 표지는 색깔 있는 그림 등을 넣지 않고 문양을 새긴 나무판으로 눌러서 문양을 은은하게 나타내었다. 이것을 능화판문 또는 책판문양이라고 하는데 독특하게 발달되었으며 그 종류도 시대별로 다양하다.

한 가지 책이 여러 권으로 되어 있을 경우 다른 나라에서는 1에서 12까지 숫자를 쓰는 것이 보통이지만 우리나라는 한 권일 경우 단(單) 또는 전(全), 두 권이면 건(乾), 곤(坤), 네 권이면 춘, 하, 추, 동 등으로 정확하게 권수를 표시하였다. 이를 권차표시라 한다.

또 책을 꿰맬 때 종이를 여러 겹으로 두껍게 하여 앞뒤 표지를 따로 만들고 구멍을 다섯 개 뚫고 책을 꿰매서 단단하고 오래 가도록 하였다. 이것을 오침안정법이라 하며 이같이 책을 꿰매는 방법을 선장이라고 한다. 중국, 일본은 구멍이 네 개 있는 사침안정법을 쓴다.

청주고인쇄박물관은 인쇄 발달과정을 한눈에 볼 수 있도록 목판본, 금속활자본, 목활자본 등을 각 시대별로 전시하고 있으며 〈직지〉의 금속활자 인쇄과정을 9단계로 나누어 밀랍인형으로 재현하였다. 또한 금속활자 주조와 조판에 관련된 실험자료를 비롯하여 일본, 중국, 독일의 구텐베르크 금속활자인쇄와 인쇄도구, 목활자, 장정 등이 전시되어 있다.

고려시대의 금속활자 〈직지〉가 세계에서 가장 오래된 금속활자로 찍은 책이라면, 신라시대의 〈무구정광다라니경〉은 세계에서 가장 오래된 목판인쇄물로 알려져 있다. 〈무구정광다라니경〉은 1966년 불국사 석가탑 2층에서 발견된 것으로 발견 당시 중간부분까지 많이 부식되어 있었다. 목판으로 찍은 두루마리인 이 불경은 김대성이 경덕왕 10년(751년)에 불국사 석가탑을 세우고 이때에 탑 속에 넣은 것으로 인쇄 시기는 750년경이다.

이 다라니경이 발견되기 전에는 서기 770년경에 인쇄한 일본의 〈백만탑다

라니경〉이 세계 최고로 알려졌으나, 이제는 우리나라의 〈무구정광다라니경〉
이 일본보다 약 20년 앞서는 것으로 밝혀졌고, 중국 최고의 목판 인쇄물 역
시 우리나라보다 늦은 서기 868년에 인쇄한 〈금강반야바라밀경〉으로 영국
대영박물관에 소장되어 있다.

　고려시대에는 숭불정책으로 불교가 융성하였고 사찰에서 많은 불경을 간
행하였다. 목판본으로 오래된 것은 1007년 총지사에서 찍어낸 〈보협인다라
니경〉으로 불탑에 봉안하였던 두루마리이다. 그후 현종 2년(1011년) 거란이

침입하자 불력으로 막고자 송악 대흥사에서 1087년까지 대장경판을 새겨 대구 부인사에 보관하였는데, 이 경판이 〈초조대장경〉이며 의천이 교장도감을 설치하고 새긴 대장경이 〈속장경〉이다. 두 경판은 1232년 몽고란 때 불타 없어졌지만 불타기 직전 찍어낸 책은 일부 전한다.

고려의 강화도 천도 후에는 강화도에 대장도감, 남해도에 분사도감을 설치하고 1236년부터 16년 동안 다시 새긴 대장경이 〈재조대장경〉이며 현존하는 해인사 팔만대장경이다.

고려시대의 금속활자본으로 세계에서 가장 오래된《백운화상초록불조직지심체요절》은 1374년에 백운화상이 엮은 책을 1377년에 청주 흥덕사에서 금속활자로 간행한 것이다. 이 책은 조선 말 프랑스 초대 대리공사 꼴랭 드 쁠랑시(Collin de Plancy)가 수집하여 귀국하였고, 1911년에 경매로 앙리 베베르(H. Vever)가 소장하다가 그의 유언에 따라 1952년 프랑스 국립도서관에 기증되었다. 1972년 '세계 도서의 해' 기념행사인 〈책의 역사〉 전시회에 출품되어 빛을 보게 되었다.

이 책 마지막 장에는 인쇄시기, 인쇄장소, 인쇄방법이 기록되어 있다. 이 기록은 독일 구텐베르크(Johann Gutenberg)가 금속활자로 찍었다는 〈42행성서〉보다 70여 년이나 빠르다. 그래서 인류문화사상 최초의 금속활자로 인정받아 2001년 유네스코 세계기록유산에 등재되었다.

고려시대의 금속활자는 조선시대에 계승되어 개국 초기에는 발전을 보지 못하고 왕권이 안정된 태종 3년(1403년)에 주자소를 설치하고 금속활자를 만들기 시작하여 이후 500여 년 동안 여러 종류의 활자를 만들게 되었다.

동활자는 1403년에 만든 계미자를 시작으로 조선 말까지 갑인자, 병진자, 한글활자 등 40종을 주조하여 유교, 의학, 농업, 천문지리 등의 다양한 서적을 간행하였다. 조선시대 금속활자의 재료는 대부분 구리였으나, 병진자는

납으로 만들었다. 철활자는 16세기경부터 만든 것으로 1692년 원종자가 처음이고 조선말까지 만들어졌는데 임진란 이후에는 개인에 의하여 철활자가 많이 만들어져 민간에 책이 보급되었다.

조선시대의 목판인쇄를 보면, 중앙관서에서는 서적원 등에서 유교경전 등의 책을 찍어냈고 지장 감영에서는 명에 의하여 책판을 새겨 중앙으로 보냈고 고려본, 중국본, 중앙관서에서 간행한 책을 복각본으로 발간하기도 하였다. 세조 때에는 간경도감을 설치하고 한문불경과 한글로 번역된 불경을 발간하였는데, 이 책이 간경도감본이다.

당시에는 유교를 국교로 삼았기 때문에 국왕 및 왕실판은 국시에 위배됨을 알면서도 공덕을 쌓고 수복기원과 죽은 이의 복을 빌기 위하여 간행한 불서로 정성껏 새겨 책의 장정이 우아하고 정교하다.

목활자인쇄를 살펴보면, 조선 태조는 고려 때의 서적원을 그대로 운영하여
1395년에 목활자로 〈대명율직해〉 100부를 찍었는데, 현재 번각본만 전한다.
1397년에는 〈개국원종공신녹권〉을 목활자로 찍어냈다. 세종 때는 한글과 한
자 큰 글자를 목활자로 만들어 금속활자와 함께 사용하였다. 그후 목활자는
관공서가 아닌 서원, 사가 등에서 개인 시문집 등을 찍어내는데 많이 사용하
였다.

조선시대의 한글활자는 세종대왕이 1443년 훈민정음을 창제하고 1447년
에 청동으로 한글활자를 만들어 갑인자와 함께 조판하여 〈월인천강지곡〉을
인쇄하였는데 이것이 최초의 한글활자본이다. 한글 금속활자는 조선 말기까
지 약 30종이 주조되었으며 한자활자와 함께 사용되었다.

금속활자가 발명되고 5세기가 지난 뒤의 또 하나 인류의 역사적 혁명은 인

터넷의 발명이다. 인터넷 역시 활자를 이용한 콘텐츠로 활자정보매체는 인류의 문화적 삶을 한층 업그레이드시켜 나가고 있다.

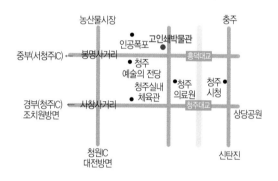

● ● ● **청주고인쇄박물관 이용 안내**

◆ **휴관일**은 매주 월요일, 매년 1월 1일, 설말, 추석날이며 평일날은 오전 9시 ~ 오후 6시까지이다.
◆ **입장료**는 어른 800원, 청소년 및 군경 600원, 어린이 400이며
단체(20인 이상)는 어른과 청소년 200원 할인되고 어린이는 무료이다.
◆ **교통편** : 경부고속도로는 청주 I.C에서 8㎞이며 중부고속도로는 서청주 I.C에서 5㎞
시내에서 시내버스는 832번(운천동 고인쇄박물관 하차), 861, 862, 864번(예술의 전당 앞 하차),
고속(시외)버스터미널에서 831, 831-1(예술의 전당 앞 하차)을 이용하면 된다.
◆ **청주고인쇄박물관** 주소 : 충청북도 청주시 흥덕구 직지로 113
◆ 전화 : **043) 200-4511, 4561**, 홈페이지 http://jikjiworld.cjcity.net/main/jikjiworld

한국의 특수박물관
목아불교박물관

절을 나온
부처가
웃고 대화
나누는 공간

　인자한 부처의 입을 함부로 열고 찡그리고 수심 가득히 고민에 빠지게 한 목공이 있다. 주인공은 1996년에 중요무형문화재 제108호 목조각장으로 지정된 목아(木芽) 박찬수 씨이다. 그는 경남 산청의 가난한 집안에서 태어나 초등학교를 졸업하고 부모 따라 무작정 서울에 올라와 배가 고파서 들어간 곳이 목공소였다. 목조각 생활 50년 만에 그는 부처를 해방시킨 것이다.

　우리가 보기에 목재 속에는 아무리 봐도 나이테뿐인데, 그의 손을 거치기만 하면 부처나 아기동자가 되고 예수가 되고 사천왕이 되기도 한다. 기적적으로 생명만 불어 넣으면 박물관 안에서 성큼성큼 걸어 나갈 태세들이다.

　경기도 여주 신륵사와 세종대왕릉이 있는 부근에 1989년 문을 연 목아불교박물관은 박찬수 관장이 우리나라의 전통 목조각 및 불교미술의 계승과 발전을 위해 세웠다.

　아름드리 싸리나무 기둥에 청기와 지붕의 맞이문을 들어서면 박물관이라기보다는 창덕궁의 축소판처럼 아기자기한 건물과 조각품들이 구불구불한 안내길로 연결되어 있다. 마음의 문, 큰말씀의 집, 한얼늘집, 석조미륵삼존불상, 석주문, 석조 백의관음입상, 하늘교회, 야외조각공원, 걸구쟁이식당 등

볼거리가 다양하다.

박물관 본 건물은 지상 3층, 지하 1층으로 지어졌는데, 불교관련 유물 총 6,000여 점이 실내외에 전시되어 있다. 이 박물관에는 보물로 지정된 〈예념 미타도량참법 제6~10권〉, 〈묘법연화경 제1권〉, 〈대방광불화엄경 정원본 제24권〉을 소장하고 있다. 먼저 지하 1층 민속유물실 및 영상실에 들어서면 강당에서 "부처가 되고 싶은 나무"라는 국립영화제작소에서 제작한 영상물과 문화재청이 제작한 목아 박찬수 관장의 소개 영상물 '목조각장'을 상영한다.

민속유물실을 들어가면서 눈에 띄는 명부전에는 지장보살과 열 명의 대왕이 봉안되어 있다. 치부책을 머리에 이고 있는 염라대왕은 인간의 영혼을 다스리는데 살았을 때의 선악을 심판하여 상벌을 내리는 지옥의 왕이다.

이 전시실에는 조선시대에 쓰이던 유물들과 다양한 무신도가 걸려 있다.

무신도는 무당들이 받들고 모시는 여러 신들을 그린 그림이다. 주로 한지나 무명 등에 그려지는데 적색, 청색, 황색을 위주로 사용한다. 그림의 내용을 보면 옥황상제, 관우, 삼불, 제석, 칠성, 용궁부인, 산신, 홍씨대감, 바리공주 등이며 불교, 도교, 민간신앙 등이 복합된 그림으로 앉아 있거나 서 있는 형태의 초상화에 가깝다.

1층 특별전시실 및 기념품점에는 기획전, 특별전, 유물 교체 전시회가 주기적으로 열린다. 1층에서 어린이들의 눈길을 사로잡는 것은 목조로 만들어진 동자상이다. 천진난만한 모습으로 누워 잠든 모습이나 합장하고 있는 모습에서도 개구쟁이 끼가 아직 가시지 않아 말을 걸어보고 싶을 정도이다.

동자는 20세 미만의 머리를 깎지 않은 승려를 일컫는데 본래 불·보살을 비롯한 불교신들을 따라다니면서 공양과 시중을 드는 지혜롭고 슬기로운 자를 가리킨다. 동자상은 주로 지장보살과 지옥의 열 분의 왕과 함께 모셔지며 그밖에 불상이나 보살상과 함께 법당에 배치된다.

1층에서 고요동자, 문수동자, 보현동자, 약사관음 등의 조각상을 보고나면 흔히 사찰의 대웅전에 하나쯤 걸려 있는 탱화를 보게 된다. 지장시왕도, 치성광여래도, 영산회상설법도 등이 있다.

석가모니의 영산회상설법도를 보면, 정중앙에 석가모니불이 있고 그 아래에 비로자나불이 위치하는데 비로자나불의 오른쪽에 보현보살, 왼쪽에 문수보살이 있고 오른쪽 상부에 지장보살이 있다. 불교에서 보살은 중생을 교화하고 제도하고자 부처를 수행하고 보좌하는 자를 말한다.

보살의 특징은 아직 부처가 되지 않은 상태이므로 불상과는 달리 화려한 장식을 취한다. 문수보살은 보현보살과 함께 석가모니불과 비로자나불을 수행하는 보살로서 지혜로운 보살로 상징된다. 지장보살은 지옥에서 고통스러워하는 중생을 극락으로 인도하고 끝없이 방황하는 중생들을 구제하기 위해 부처가 되는 것을 미룬 보살로 다른 보살들과는 달리 머리에 보관을 착용하지 않고 두건을 두르거나 삭발을 하고 여의주와 지팡이를 잡고 있는 모습으로 표현되고 있다.

2층의 불교유물실은 재료별 불상, 불교 경전, 의식 법구, 장엄구, 복장유물, 세계의 불상, 시대별 불교 유물 등을 비롯하여 목조각 도구들도 전시되어 있다.

2층 나한전의 500 나한들은 5년에 걸쳐 16종의 나무로 만들었다고 한다. 표정이나 자세가 모두 다른 나한들은 바로 우리 인간의 형상을 표현하고 있다고 한다.

그리고 불교의 일반 전시물로 볼 수 있는 종은 사찰의 누각 위에 걸어두고 소리를 울려 아침과 저녁 예불을 알리는 용도로 쓰이기도 했지만, 종의 소리는 지옥에 떨어져 고통받는 중생들을 구제한다는 의미가 있다. 북 역시 마찬가지이며 목어는 물고기가 항상 눈을 뜨고 있는 것처럼 수행자들도 졸지 말고 항상 전진하라는 의미로 누각이나 종루에 걸어놓고 아침, 저녁 예불과 법

회 때 치는 법구이다. 이외에도 법회 때 악기로 쓰이던 발, 징과 같은 동라, 요령, 목탁, 불자, 죽비, 불패, 소통, 향로 등 의식행사에 사용하는 도구들이 다양하게 진열되어 있다.

3층 불교목조각실에는 박찬수 관장이 40여 년 간 조각한 150여 점의 대표작품들이 전시되어 있다. 특히 국보 제83호인 금동미륵보살반가상을 그대로 모작한 작품을 보면서 놀라지 않을 수 없다. 박찬수 관장이 원본 그대로 복제해내는 기술을 익히는 데만 무려 30년이 걸렸다니 인간문화재로서의 경지를 엿볼 수 있는 작품이다.

그리고 부처의 탄생에서부터 열반에 이르기까지를 표현한 팔상성도 목각탱은 8폭 크기의 20개 목판에 새겨진 부처의 일대기이다. 부처가 도솔천에서 이 땅으로 내려와 룸비니동산에서 태어나고, 출가를 하고, 마귀에게 항복을 받은 후 깨달음을 얻어 성불하며 녹야원에서 최초의 설법을 하고 사라나무 아래에서 열반에 들기까지를 표현하고 있다.

이 뿐만 아니라 3층에서 볼 수 있는 약사십이지상은 땅을 지키는 열두 가지 짐승들의 신으로 흔히 우리의 띠에 해당하는 신들이다. 나무를 깎아 만든 십이지상은 얼굴은 모두 짐승이지만 사람의 몸을 가지고 있으며 서로 다른 무기를 들고 열두 방위를 지킨다고 한다. 박물관을 찾는 사람들이 하도 만지

작거려 코끝이 까무잡잡하고 반질거릴 정도이다.

절에 가면 무섭게 생긴 사천왕을 가장 먼저 만나게 되는데 여기에서 다양한 목조상을 만날 수 있다. 절을 들어가는 중문을 천왕문, 금강문, 불이문이라고도 하는데 보통 천왕문에는 사천왕상을 안치하거나 사천왕 그림을 그려 봉안하기도 한다.

사천왕은 세계의 동서남북 사방을 지키고 불법을 수호하며 불도를 닦는 사람들을 보호한다. 사천왕들은 부릅 뜬 눈에 크게 벌린 빨간 입, 손에는 칼이나 창을 들고 있고 마귀들을 짓밟고 있는 모습으로 가까이 가기가 무서울 정도다. 그러나 사천왕은 천하를 두루 다니면서 세상의 선악을 살피다가 착한 이에게는 상을 주고 악한 이에게는 벌을 내린다. 또한 그 결과를 수미산 꼭대기의 하늘인 도리천의 제석천왕에게 보고한다.

　3층의 전시장에는 박 관장의 목조예술의 진면모를 볼 수 있는 작품들이 너무도 많은데 비로자나삼존불상, 관세음보살삼존불감, 수미단, 석가여래좌상, 용문사 윤장대의 모작을 비롯하여 오른손을 턱에 괴고 깊은 사념에 잠겨 있는 삼매동자까지 하나하나가 사람의 손으로 만들어졌다는 게 이해되지 않을 정도이다.

　박 관장은 이제 목공예 50년이라는 달인의 솜씨를 가지고 나무의 재질과 형태를 살려 다양한 부처를 탄생시켜 해외여행을 보내고 있다. 그동안 100여 회의 각국 전시를 가졌고 2010년 4월에는 영국 런던에 위치한 한국문화원에

서 〈부처가 입을 열다〉라는 타이틀로 전시회를 가졌다. 그의 손길을 거치면 부처가 청바지 자켓을 입게 될 날도 머지않을 것 같다.

박 관장은 사립박물관을 세운 선두주자로서 박물관에 대한 애착은 누구보다 강하다. 사립박물관은 국가를 대신해서 문화유산을 개인이 수집 보관하고 관리하며 미래 세대를 위한 교육차원에서 사재를 털어 세우는 공공의 기관으로 정부가 각별한 관심과 지원을 해야 마땅하다는 것이다. 그러나 기존에 있던 문화관광부의 박물관과도 폐지해버리는 현실을 안타깝게 생각해 왔으나, 최근에 부활되어 다행스럽게 여기고 있다.

현재 박물관 운영이 해마다 적자이지만, 박물관은 우리 민족의 얼과 혼이 사는 집인 만큼 그만 둘 수 없으며 더욱더 관람객과 어우러져 박물관을 설명하고 해외전시를 통해 우리나라의 문화유산에 대한 이해를 넓혀나갈 계획이라고 한다.

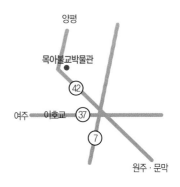

●●● **목아불교박물관 이용 안내**

◆ **연중 무휴**이며 관람시간은 하계(3월~10월)에는 오전 9시 ~ 오후 6시,
　동계(11월 ~ 2월)에는 오전 9시 ~ 오후 5시까지이다.
◆ **입장료**는 어른 5,000원, 청소년 및 군경 4,000원, 어린이 및 노인 3,000원이며
　단체(20인 이상)는 각각 1,000원 할인된다.
◆ **교통편 : 버스**는 서울(강남, 동서울, 상봉터미널)에서 여주종합터미널에 오시어
　강천리/걸은리/ 가야리행 버스를 이용 박물관에 도착(90분 소요)할 수 있다.
　승용차는 영동고속도로의 여주톨게이트에서 나와 여주읍 원주방면 42번 국도에서 7㎞ 또는 원주,
　문막방면 자동차 전용도로(북내방면으로 진입 후 좌회전)를 이용하면 된다.(서울에서 70분 소요)
◆ **목아불교박물관** 주소 : 경기도 여주군 강천면 이호리 396-2
◆ 전화 : **031) 885-9952**~4, 홈페이지 http:// www.moka.or.kr

세계 기록유산
《동의보감》을
펴낸 한국의
히포크라테스

동의보감
DongUiBoGam Korean Traditional Medical Encyclopedia

약이 귀했던 어린 시절, 산에서 옻을 올라오면 할머님이 밤나무 껍질을 달여 그 물을 마시게 했다. 그러면 두드러기처럼 올라온 피부가 말끔히 가라앉기도 하고 감기에 걸리면 탱자 열매를 달인 신맛에 몸을 움츠리고 침을 질질 흘려가며 마신 적이 있다. 이러한 치료법들이 약이 귀한 시절에는 민간요법이었다.

문명이 발달하면 할수록 사고도 많아지고 질병도 늘어나고 있다. 병원균도 약의 성분이 강해지면 강해질수록 저항력이 강해져 마치 균과의 전쟁 속에서 살아가고 있다는 생각이 들기도 한다.

그래서 질병으로부터의 고통을 벗어나는 삶 또한 인간이 추구하는 행복한 삶이기에 의학의 발달은 지속되지 않을 수 없다. 우리나라의 의학은 삼국시대부터 발달하기 시작했다. 주로 중국과의 교류를 통해 의학서적과 약재 등이 들어오기 시작했다. 중국에서 직접 의술을 배워오는 사람도 있었지만, 중국의 의술이 삼국에 전래되면서 우리나라의 실정에 맞는 의술이 발달하게 되었다. 백제는 자신들의 의술을 일본에 전하기도 하였다.

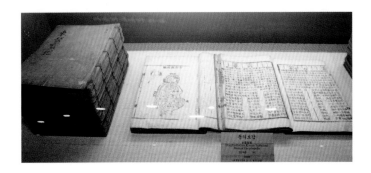

　고려시대에는 의학을 체계화하기 위하여 연구를 시작하였고 우리나라 최초의 의서인《향약구급방》을 편찬하였다. 조선시대에는 우리 체질에 맞는 의학연구의 성과물인《한약집성방》,《의방유취》,《동의보감》을 3대 의서로 손꼽고 있다.

　특히《동의보감》은 조선시대 최고의 의학자인 허준(1537~1615)에 의해 1610년(광해군 2년)에 간행되었는데, 2009년 유네스코 세계기록유산으로 등재되었다.

　1537년에 허준 선생이 태어나 성장하고《동의보감》을 집필했던 서울시 강서구(과거에는 양천현)에 강서구청은 2005년 허준박물관을 설립하여 허준 관련 자료를 수집하고 업적을 기리는 사업을 추진해오고 있다.

　초대 박물관장을 맡은 김쾌정 관장은 1960년대 초 한독의약이 설립한 한독의약박물관에서 30여 년 간 관장으로 재임하면서 명실상부한 의약전문박물관을 만들었다. 그러한 경험을 바탕으로 허준박물관에 칸칸이 유물과 자료를 채워나가고 직접 박물관 교실을 이끌어 나가고 있다.

　허준박물관은 2층의 시청각실과 뮤지엄샵, 3층의 전시실을 비롯하여 옥상에 정원을 꾸며 바로 내려다보이는 한강과 북한산 등지를 바라다 볼 수 있도

록 하였고 옥외의 약초원에서는 다양한 약초들의 생태를 관찰할 수 있도록 하였다.

3층은 허준기념실, 약초·약재실, 의약기실, 체험공간실, 내의원·한의원실, 약갈기 체험실 등으로 꾸며져 있다.

허준기념실에 들어서면 허준과 관련된 여러 가지 기록들을 살펴볼 수 있다. 본래 허준은 서자라서 벼슬길에 오르기가 쉽지 않았다. 다행히 집안에 의학에 관심 있는 유학자들이 많아 그 영향으로 의학공부를 하게 되었다.

당시 허준이 알고 지내던 유학자 중에 유희춘이라는 사람의 얼굴에 심한 종기가 났고 아무리 애를 써도 낫지 않았는데, 허준이 지렁이 즙으로 깨끗이 낫게 하였다. 당시에 민간요법을 통해 많은 사람을 치료하는 허준의 치료법에 감탄한 유희춘은 이조판서 홍담에게 내의원에 들어갈 수 있도록 추천함

으로써 의과라는 과거시험을 거치지 않고 종4품의 내의원 첨정이 되었다. 허준은 내의원에서 왕실의 건강을 돌보며 의학연구에 매진하였다.

선조 임금이 허준에게 의학의 기본인 진맥에 관한 책을 만들라고 명함으로써 허준은 중국의서《찬도맥결》,《의학입문》의 잘못된 부분을 고치고 내용을 정확히 이해할 수 있도록 수정하여《찬도방론맥결집성》이라는 그의 최초의 저서를 펴냈다.

연구를 거듭하고 있던 어느 날 왕자 광해군이 두창에 걸려 이를 완치함으로써 선조 임금은 허준을 정3품 당상관 통정대부라는 직책을 주었으나 신하들은 아무리 뛰어난 의술을 가진 자라지만, 정3품은 서자가 오를 수 없는 벼슬이라 하여 상소를 하였으나 선조는 이를 물리쳤다. 허준은 의술을 인술로 배풀며 백성들을 위해 한글로《언해두창집요》를 펴내 당시 전염병이었던 두창 치료법을 널리 알렸다.

1597년 정유재란으로 의서편찬이 중단되고 선조마저 병으로 승하하자 어의였던 허준은 귀양을 가게 되었다. 귀양을 가서도 의서 편찬 작업을 멈추지 않았던 허준은 1610년 마침내 15년 만에《동의보감》을 완성하였다.

《동의보감》은 총 25권 25책으로 구성되어 있고, 〈내경편〉은 몸 안에 대한 내용과 질병을, 〈외형편〉은 몸의 겉으로 보이는 것과 증상을, 〈잡병편〉은 여러 가지 질병에 대해 다루고 있고, 〈탕액편〉은 약물에 관한 내용, 〈침구편〉은 침과 뜸에 대해 다루고 있다. 《동의보감》은 1,212종의 약재에 대한 자료와 4,497종의 처방을 수록하였고, 우리나라 산천에서 흔히 구할 수 있는 약재들의 이름이 한글로 637개나 수록되어 있다.

《동의보감》초간본 3종이 현존하는데 모두 보물로 지정되었고, 2009년 7월 29일 유네스코 세계 기록유산으로 등재됨으로써 우리나라 의약기술의 역사성을 세계에 널리 알리는 계기가 되었다.

허준 기념실에서는 《동의보감》 뿐만 아니라 전염병 치료에 관한 의서로 보물로 지정된 《신찬벽온방(新纂辟瘟方)》 등 8가지의 저서들과 옛 의학서들을 살펴볼 수 있다.

약초·약재실은 《동의보감》에 실려 있는 각종 약초와 약재를 소개하는 공간이다. 《동의보감》〈탕액편〉에서는 약으로 쓰이는 것들을 15종류로 분류하고 있는데, 이 가운데 곡부, 과부, 채부, 초부, 목부 등에 나오는 약재들은 음식으로 널리 쓰였던 재료들로 약식동원(藥食同源)이라 하여 음식을 약으로 쓰기도 하였다.

의약기실에서는 우리 조상들이 약초와 약을 만드는데 어떠한 기구들을 사용했으며 의약기기들이 시대별로 어떻게 발전해 왔는가를 알아볼 수 있는 전시실이다. 선사시대에는 주로 돌을 이용한 갈돌이나 갈판, 골침을 사용했으며, 흙이나 청동, 곱돌을 이용했던 고려시대, 조선시대에는 병의 치료를 위해 세 가지 방법을 사용하였다. 한의학에서는 '1침2구3약'이란 말이 있다. 첫째 침을 놓고, 둘째 뜸을 뜨며, 셋째는 약을 쓰라는 뜻이다. 침과 뜸이 발달했던 조선시대의 의약기의 종류도 다양하다.

산이나 들에서 약초를 캘 때 사용했던 채약도구와 약재를 가루로 빻는데 사용했던 약연기, 약을 달일 때 썼던 약탕기, 약을 만들 때 쓰였던 약숟가락, 약집게 등의 제약기, 액체로 된 약을 담거나 따를 때 쓰는 약성주기는 주로 분청, 백자, 놋쇠주전자 등이 널리 쓰였다.

이외에도 약장, 휴대용 약상자, 약도량형 저울 등을 볼 수 있다. 지금은 전자식 저울을 사용하고 있어 소수점 이하 무게까지 측정이 가능하지만 과거에는 한쪽에 약재를 올려놓고 다른 한쪽에는 추를 올려 무게를 쟀다.

내의원·한의원실은 조선시대의 의료기관으로 어떠한 구조로 이루어졌는가를 살펴볼 수 있도록 모형을 축소하여 꾸며 놓았다. 조선시대에는 내의원,

전의감, 혜민서, 활인서, 재생원 등의 의료기관이 있었다.

내의원은 주로 왕실 사람들을 위해 진료하거나 약을 짓거나 의학을 연구하는 기관이고, 전의감은 의관들을 뽑는 의과시험을 관리, 의서 편찬, 약재 재배 등을 담당했고, 혜민서는 가난한 백성의 병을 무료로 고쳐주고 가정을 방문하여 치료를 해주기도 하였다. 활인서는 무료병원과 같은 곳으로 가난하거나 오갈 데 없는 사람들을 치료해 주었고, 특히 전염병이 돌 때 백성을 살피는 기관이었다. 그리고 한의원은 약방이라 불리면서 일반 백성들의 진료를 담당하였다.

이외에도 상황에 따라 내의원에 임시 의료기관을 만들었다. 왕이나 왕비의 생명이 위중할 때 치료법을 찾기 위해 명종 때 만들었던 시약청과 숙종때 의관과 중신들이 모여 왕의 병과 약의 처방이 잘 맞는지를 연구한 의약청이 있었다. 그리고 왕자나 공주가 태어날 때 설치했던 산실청이 있다.

　이러한 의료기관에 근무할 의관은 과거시험 중 잡과시험을 통해 선발되었다. 의과의 시험과목은 모두 11과목이었고 합격자 중 1등은 종8품, 2등은 정9품, 3등은 종9품의 차별화된 관직이 주어졌다.

　또 조선 태종 6년(1406년)에 의녀제도가 생겼는데, 양반 부녀자들이 병이 생겨도 남자 의원에게 진료받기를 부끄러워하여 치료받지 못하고 죽는 경우가 종종 있었기 때문이다. 방송 드라마로 유명해진 조선 중종 때의 대장금은 뛰어난 의녀로 임금의 주치의 역할을 하기도 했다.

　허준박물관의 체험공간에서는 약 갈기 체험, 약 봉지 싸는 방법, 사상체질 알아보기, 《동의보감》에 나오는 인체 내부의 장기 모형도를 통해 인체의 조직 등을 공부할 수 있다. 또한 옥상을 통해 야외로 나가게 되면 70여 종의 약초들이 사시사철 피어있어 약초마다 어떠한 치료에 사용되고 있는가를 배울 수 있다.

한국의 히포크라테스였던 허준이 태어나 남긴 수많은 업적을 실감 있게 볼 수 있는 허준박물관이 서울 근처에 있다는 게 반가운 일이지만, 그의 묘소는 경기도 파주군 진동면 하포리의 민통선 안에 있다. 2001년에 묘소를 찾아갔을 때에는 잔디가 죽어가고 폭우로 봉분의 일부가 훼손되어 있었는데 최근 파주시가 묘 앞에 재실을 신축하고 묘소를 보살피고 있어 다행스럽다. 하루빨리 통일이 되어 세계적 기록유산을 남긴 의성 허준 선생의 묘소도 찾아갈 수 있었으면 하는 바람이다.

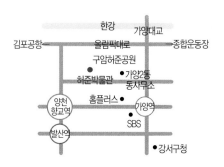

● ● ● **허준박물관 이용 안내**

◆ **휴관일**은 매주 월요일, 1월 1일, 설날 및 추석 당일이며,
평일날은 오전 10시 ～ 오후 6시까지 문을 열고 주말은 오후 5시까지이다.

◆ **입장료**는 어른 800원, 청소년 및 군인 500원, 단체 20인 이상은 개인당 200원 할인이며
경로우대자 및 국가유공자는 무료이며 매주 2 · 4주 토요일, 어린이날, 설날 및 추석 연휴,
삼일절, 광복절, 개천철은 무료이다.

◆ **지하철**로 오시는 길은 지하철 5호선 발산역 3번출구
버스 6642, 6657, 6630 또는 9호선 가양역 1번출구/양천향교역 4번출구– 도보 10분거리
광역버스 1002번 오류동↔시청, 9602번 김포시↔광화문

◆ **허준박물관** 주소 : 서울특별시 강서구 허준길 87

◆ 전화 : 02) 3661-8686, 홈페이지 http://www. heojunmuseum.go.kr

한국의 특수박물관
**장생포
고래박물관**

모토(母土)를
그리워하는
바다의 제왕,
고래

고래 고기는 무슨 맛일까 궁금해서 울산 장생포 고래 고기 원조집을 찾아가 탕을 시켰다. 김치찌개에 들어간 돼지고기처럼 뭉턱한 고래 고기에서는 바닷고기에서 느낄 수 없는 묘한 향이 난다. 마치 산짐승들의 구린내 같기도 하고 인도 음식에 들어가는 향내 같기도 하다.

그래서 처음 먹어보는 사람으로서는 거슬리지만, 옆 테이블의 바닷가 사람들은 술안주로 나온 고래 수육을 너무도 맛있게 먹는 것이다.

고래는 본래 인간이 출현한 제4기 홍적세 중기에 출현하여 육지를 보행하는 포유동물로 살다가 물가에서 살게 되고 점점 바다로 옮겨간 것으로 보고 있다. 당초에는 개나 고양이처럼 크기는 작으나 지금과 같은 골격을 유지했을 것으로 학자들은 보고 있다.

고래는 수중생활에 적응하기 쉽도록 뒷발이 퇴화하여 몸체의 표면에 나타나지 않으나 외형으로 흔적을 볼 수 있고, 앞발은 가슴지느러미 모양이며 포유류의 원형인 5개의 발가락뼈를 가진 것 또는 4개로 퇴화된 것도 있다.

포유류의 특징인 몸의 털은 거의 퇴화되고 주둥이 주위에 감각털만 남아있

고 폐로 호흡하며 자궁 내에서 태아가 자라고 암컷은 하복부에 한 쌍의 젖꼭지가 있으며 피하에 커다란 유선(乳腺)이 있다.

고래가 오랜 역사 동안 바다를 무대로 살아왔다는 것을 증명하는 암각화를 볼 수 있는 곳이 울산광역시 언양읍 대곡리의 반구대 암각화이다. 반구대 암각화는 선사시대의 대표 유물로 실제 크기가 가로 10m, 세로 3m로 국보 제285호로 지정되어 있다. 이 암각화에는 6~7종류의 고래가 새겨져 있는데 새끼고래를 업고 있는 귀신고래, 작살에 맞은 귀신고래, 미역을 덮어 쓰고 있는 고래, 아래턱에서 배꼽 뒤쪽까지 많은 주름이 있는 흑등고래, 머리가 사각형인 향고래, 고래를 몰고 가는 배, 해체된 고래의 모습 등이 새겨져 있다.

그런데 반구대 암각화가 있는 태화강을 따라 바다로 이어지는 가까운 거리의 장생포는 고래들이 새끼를 낳는 장소로 과거부터 고래잡이가 성행했던 곳이었다. 그래서 이 지역에 살았던 사람들이 고래잡이의 실상을 암각화한 것이다.

고래 고기를 맛보기 위해 들렀던 장생포 포구길을 따라 수십여 고래 고기집이 줄지어 있다. 장생포 초입의 넓은 광장에는 장생포 고래박물관을 비롯하여 고래생태체험관이 바다를 바라보고 우뚝 서 있다.

장생포고래박물관은 국내 유일의 고래전문 박물관으로 1986년 포경금지 이후 사라져가고 있는 고래관련 유물과 자료 등을 수집, 보존, 전시하여 고래도시 울산의 역사를 되살려 나가기 위해 2005년 개관하였다.

제1전시관(포경 역사관), 제2전시관(귀신 고래관), 제3전시관(어린이 체험관)을 비롯하여 고래영화 상영관 등을 운영하고 있다.

제1전시관인 포경 역사관은 한국의 포경, 장생포의 근대 포경, 세계 근대 포경 관련 유물과 자료가 전시되어 있다. 대표적인 전시물은 수염고래인 브

향유고래 이빨
Sperm Whale Tooth

라이드고래와 이빨고래인 범고래 골격으로 이 박물관의 대표적인 전시물이며 이외에도 실물 가까운 크기로 재현해 놓은 반구대 암각화 모형, 3D영상관, 실제 포경시에 획득한 다양한 유물들이 전시되어 있다.

우리나라 포경의 역사를 알려주는 가장 대표적인 곳은 반구대 암각화로 선사시대부터 작살과 그물을 이용하여 고래잡이가 성행하였음을 알 수 있다. 그리고 통영의 연대도 조개무지(사적 제335호)에서도 돌고래 뼈, 석제 작살, 석촉 등이 출토되었다. 삼국시대를 거쳐 고려시대에도 포경은 사회문화적으로 큰 영향을 미쳤으나, 오히려 조선시대에 들어와서는 쇠퇴하다가 1945년 광복 이후 포경활동이 활발해졌다.

한국의 포경선원들은 일본의 포경회사에서 쌓은 경험으로 포경업을 시작하였고, 특히 1946년 최초의 조선포경주식회사가 설립된 후

1947년에는 포경선이 20척에 달하였다. 1961년에는 한국포경어업수산업조합이 장생포에 설립되었다.

그러나 지나친 포획으로 해양생태계가 위협받게 되자 IWC(국제포경위원회)가 결성되고 우리나라도 1978년에 국제포경규제조약에 가입하여 회원국이 되었고 1986년 IWC가 상업포경을 전면 중단함에 따라 우리나라의 포경업도 중지되어 지금에 이르고 있다.

제1전시관에 들어서면 정면으로 와 닿는 브라이드고래의 골격을 볼 수 있다. 이 골격은 일본 고래연구소가 제2기 북태평양 고래포획조사를 위해 포획한 것으로 기증받은 것이다. 전체 길이가 12.4m, 두골 길이 3m, 포획 당시의 실제 무게는 14.6t, 골격의 무게는 850kg의 암컷으로 골격표본 제작기간만 해도 3년이 걸렸다고 한다.

그리고 사람 키만한 브라이드고래 수염, 길이가 7.4m에 이르는 범고래의 골격, 길이 33m에 이르는 대왕고래의 턱뼈와 길이 110cm에 이르는 대왕고래의 수염, 밍크고래의 두골, 고래 귀, 이빨 등 고래의 종류에 따른 유물들을 볼 수 있다.

또한 고래를 잡는 데 사용된 작살, 포경선 제5진양호, 포경선이 출항할 때 안전한 항해와 고래포획을 기원하는 의미로 달았던 5색 깃발의 서낭기, 착유장에서 고래기름이 만들어진 후 뜰 때 사용한 착유용 바가지, 고래 해체장에서 사용하는 해부톱과 칼, 해부칼 숫돌 등도 볼 수 있다.

세계포경 역사관에서는 각 나라의 원양 포경선과 포경에 사용된 도구를 비롯하여 세계 포경의 역사자료들을 관람할 수 있다. 11~12세기에는 유럽에서 상업포경이 시작되었고, 1700년 초부터 1800년대 중반까지 북극해에서 유럽인들의 포경업이 활발했다. 이 시기에 뉴잉글랜드에서는 미국인들이 긴수염고래 등을 잡는 연안포경업을 하였다.

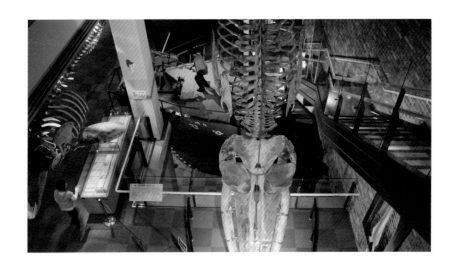

이후 근대식 포경은 스벤드 포인이 1864년 발명한 작살 발사포를 이용한 노르웨이식 포경법에서 시작되었다. 1930년대에 눈부신 성장을 거두었는데, 당시 남극해에 출어한 포경 모선의 수는 41척으로 노르웨이, 영국, 남아프리카, 일본, 파나마, 독일, 미국, 칠레 등이 참여하였다.

그러나 1964년 한 해에 48,690마리가 남획되는 등 지나친 포획으로 인해 세계 포경어장은 황폐화되어 갔다. 그리하여 IWC는 1986년부터 상업포경을 전면 금지하였다.

제2전시관은 귀신고래관으로 귀신고래는 해안 가까이 살면서 암초가 많은 곳에서 귀신같이 출몰한다 하여 귀신고래로 불리운다. 1970년대 중반까지 한국계 귀신고래는 출산할 때마다 울산 앞바다를 회유하였으므로 울산에서는 친숙한 고래라 한다. 1962년에는 귀신고래의 회유 해면을 천연기념물 제126호로 지정하여 보호의 대상이 되었으나 그 모습을 볼 수 없는 환경의 변화가 안타깝다. 현재 세계적으로 한국계 귀신고래는 160여 마리만 살아있을 정도로 희귀동물이다.

제2전시관은 귀신고래의 특징, 이동경로, 번식, 발견, 포획 등 전문적인 지식을 습득할 수 있는 곳이다. 한국계 귀신고래는 11월 ~ 12월경 울산 앞바다를 지나 남해, 서해 및 동중국해에서 번식한 후 다시 3월 ~ 5월경 울산 앞바다를 지나 북상 회유하고 일본 동부태평양측으로도 회유로가 있는 것으로 밝혀졌다. 그러나 1960년대 중반 이후로 울산 앞바다에 나타나지 않고 있다.

귀신고래의 실물 모형을 본떠서 제작한 전시물을 보면 전체 몸통 길이가 13.5m에 이른다. 귀신고래는 진흙 속을 파헤치면서 먹이를 섭취하므로 다른 고래에 비해 피부에 따개비와 같은 고착생물이 많이 기생한다. 가끔 귀신고래가 자갈해변에서 몸을 부비는 장면이 목격되었다는데 이는 몸에 붙은 따개비를 떨어내기 위함이라고 한다.

제2전시관에는 고래 해체장의 복원관이 있다. 이곳에는 포경의 성행 초기였던 1961년에 준공된 것으로 장생포에 있던 4개의 해체장 중 마지막까지 남아있던 곳이다. 고래를 잡은 후 포경선에서 해체장으로 당겨 올릴 때 쓰이는 밧줄, 고래를 삶을 때 그리고 생고기를 외국으로 수출할 때, 기름을 짤 때 고래고기의 무게를 달았던 저울, 고래를 끌어 올리기 위한 수동식 기구와 자동

식 기구들, 고래를 삶는 솥, 고래 기름통, 저장창고 등을 볼 수 있다.

　최근 들어 장생포를 비롯하여 울산, 포항 등지에 밍크고래의 개체수가 많아져 그물에 걸리거나 죽는 경우가 발생하고 있다. 우리나라는 국제포경위원회로부터 불법포획은 금지되었지만, 상업포경 모라토리엄 결정과 관련한 이행조치에 따라 혼획 및 좌초로 죽은 고래에 대해서는 시·군·구의 허가를 받아 상업적으로 판매할 수 있도록 되어 있다. 그래서 울산시는 장생포를 고래관광산업의 중심지로 조성하기 위해 2013년까지 고래해체장을 건립하여 장생포에서 고래해체를 할 계획이다.

1996년부터 지난해까지 국제적으로 포획이 금지된 밍크고래 등 고래 1천여 마리가 우리나라 연근해에서 다른 고기와 섞여 잡히거나 좌초된 것으로 밝혀졌다. 또한 불법 포획이 늘고 있다고 한다. 정부가 허가한 포획 수보다 늘어나고 있어 단속강화대책이 요구되고 있다.

고래박물관 1층에 마련된 제3전시관은 고래의 진화과정, 수염고래와 이빨고래의 비교, 고래의 회유도, 고래 뱃속길, 영상실, 생태학습실 등이 있다. 박물관을 찾는 어린이들에게 흥미를 불러일으켜 오래도록 장생포의 고래이야기를 심어주고자 체험식으로 꾸며져 있다.

고래박물관, 인간과 동시에 출현하여 육지에서 바다로 간 포유동물의 역사와 삶을 살펴볼 수 있는 곳이다. 모토(母土)를 그리워하는 귀신고래의 울음소리를 들을 수 있는 고래박물관, 장생포 앞바다는 자꾸만 파도를 육지로 끌어올리고 있다.

●●● **장생포고래박물관 이용 안내**

◆ 월요일과 1월 1일, 설·추석 당일과 공휴일은 휴관이며, 평일에는 오전 9시반 ~ 오후 6시까지 개관한다.

◆ **입장료** : 어른 2,000원, 청소년 및 군인 1,500원, 어린이 1,000원이며 단체는 각각 500원 할인됨

◆ **교통편** : **버스** 이용시는 시외·고속버스터미널에서 246번 승차─ 장생포고래박물관, 신복로터리에서 406번 승차─ 장생포고래박물관, 병영사거리에서 246번 승차─장생포고래박물관
　　　　 기차 이용시는 울산역에서 1104번, 114번, 117번, 708번 승차─ 시외·고속버스터미널에서 하차─ 246번 승차─ 장생포고래박물관
　　　　 비행기 이용시는 울산공항에서 1402번, 412번, 432번 승차─ 공업탑에서 하차─ 256번, 406번 승차─ 장생포고래박물관

◆ **장생포고래박물관** 주소 : 울산광역시 남구 매암동 139-29

◆ 전화 : **052)-256-6301**, 홈페이지 http://www.whalemuseum.go.kr

오천년
기마민족의
기상과 마문화

　동양에서는 사람이 태어난 해를 열두 가지 동물로 나타내어 사주팔자를 표현하고 있다. 말띠 해에 태어난 사람은 성공과 출세로 가는 행운을 지녔다고 말한다. 그래서 중국에서는 뱀띠 해에 결혼하여 말띠 해에 출산을 하는 사람이 많다고 한다. 광활한 영토를 가졌던 중국인들에게 말은 빠른 이동과 통신수단으로 여겨졌다. 중국을 통일했던 진시황제가 죽어서도 기마병과 함께 하고자 무덤 속에 토제말을 묻었던 일이나 칭기스칸이 아시아는 물론 유럽을 정복하는 데 기동력이 빠른 말을 이용하여 성공했던 역사적인 사실들을 보더라도 말은 빠르고 성공을 상징하는 동물로 여겨졌다.

　그래서 중국에서는 새해에 "마따오청궁"이라고 인사를 한다. 이는 마도성공(馬到成功)의 중국발음으로 말과 같이 빨리 성공하라는 의미이다.

　오늘날에는 이동과 통신수단이 과학적으로 발달하여 말은 승마나 경마 등 레저스포츠로 대할 수 있을 뿐이지만, 우리 민족은 오천 년 동안 말과 함께 해온 기마민족이라는 역사적 사실들을 주변에서 쉽게 접할 수 없다는 게 안타깝다. 고구려의 고분벽화나 신라 천마총의 천마도를 보고서야 그 역사를 알 수 있을 정도다.

한민족의 오천년 역사와 함께 해온 말문화가 사라져감을 안타깝게 여긴 몇몇 뜻있는 인사들이 모여 마사박물관을 세우게 되었다. 1988년 9월 13일 경기도 과천시 주암동의 서울경마장 내에 123평의 단층건물로 아담하게 박물관이 건립되었다.

박물관 내의 유물들은 주로 청동, 철기류, 자기류, 토기류, 석기류, 목기류, 피혁, 섬유류와 고서 등이 전시되어 있다. 전시관에 들어서면 제일 먼저 눈에 띄는 것은 회전식으로 꾸며 놓은 신라시대의 말갈춤이다. 5~6세기 신라시대의 사료를 근거로 하여 재현한 것인데, 경주 천마총의 벽화를 보고 복원시킨 흙받이, 발걸이, 말방울, 재갈, 금도금을 한 안장 가리개, 천마가 그려진 다래 등 신라인들의 화려한 예술성을 엿볼 수 있는 치장품들이 갖춰져 있다.

가장 오래된 유물로는 경북 영천에서 출토된 철기시대의 청동제 말이다. 이 청동말은 성냥갑 크기로 앞가슴과 꼬리부분에 구멍이 뚫려 있어 목걸이에 꿴 채 가슴에 매달게 되어 있다.

그리고 말 사육의 기술이 뛰어났던 낙랑시대의 목마, 마구(馬具)문화의 황금시대를 방불케 하는 신라시대의 유물들은 정교하고 아름답다.

조선시대에 흙이나 돌, 철로 빚어진 작은 말들은 형태가 불안정하고 서툰 솜씨인데 여염집에서 서낭당에 묻어두고 복을 빌었던 산물이었다.

말을 탈 때에 가장 중요한 안장은 신분에 따라 만든 재료나 치장이 다르다. 나무에 헝겊을 씌워 만든 안장도 있고 가죽을 씌우고 앞부분을 나전칠기로 장식한 안장도 있다. 그리고 상어가죽으로 앞부분을 장식한 어피(魚皮)안장도 특이하다.

전시장 내에는 분야별로 구분지어 각각의 특성을 살려 이해하기 쉽게 유물

들을 전시하고 있다.

　먼저 글과 그림 속의 말을 살펴볼 수 있는 화폭과 서적들을 둘러본다. 중국 책을 조선시대의 이서 선생이 초역한《마경언해》는 상·하권으로 말의 질병과 치료에 관한 내용을 한글로 풀이한 수의학책이다. 조선 광해 8년에 의주에서 말과 소의 질병을 치료하기 위해 간행된《마의방(馬醫方)》을 비롯하여 조선 영조 12년에 청나라 유본원과 유본형 형제가 저술한《원형집(元亨集)》이라는 수의학 서적 등이 있고, 그림으로는 조선 후기 심사정의《유마도(柳馬圖)》를 보면, 한가로운 봄날 늙은 버드나무 아래 채찍을 든 마부와 드러누워 뒹구는 말 한 필의 모습인데 마치 말이 마부에게 장난끼 있는 애교를 부리는 모습으로 친밀감을 주고 있다.

조선 정미년에 위성과 위환이라는 사람이 이미 팔아버린 선산을 도로 물리려다가 암행어사의 조사로 탄로나 다시 환퇴하지 않겠다는 다짐을 받은 암행어사 판결문서에는 암행어사의 수인과 함께 말이 그려진 이마패를 세 곳에 찍었다는 게 특이하다.

신앙측면에서의 말은 고대시대에 사유세계에서 왕권이나 지배계층의 상징으로 때로는 영혼을 실어나르는 매신저의 기능으로서 중요하게 다루어졌다. 고대 토우의 다채로운 세계, 조선시대 이후에도 말에 관한 신앙은 왕실 차원에서 제사하는 마조단을 비롯하여 민간신앙의 형태로 서낭당이나 무당집 등에서도 토제말이 발견되었다.

가야시대의 〈마형토기뿔잔〉은 말의 안장 위에 길쭉하고 끝이 구부러진 우각형 뿔잔을 비스듬히 얹어 조형적인 아름다움을 살린 가야토기의 전형을 보여주고 있다. 삼국시대의 경상도 지역에서 만들어진 〈토제기마인물상〉과 조선시대의 〈토제말〉, 유순한 몸가짐으로 머리는 떨구고 목은 움츠렸으며 허리를 거쳐 둔부에 이르기까지 유연한 곡선을 이루고 있는 〈석재말〉, 석질의 곱고 연한 옥석을 깎아 머리를 들고 네 굽을 모아 질주하는 모습으로 표현된 〈옥석제말〉을 비롯하여 〈청동말〉, 〈금동말〉, 〈백자말〉 등을 볼 수 있다.

이외에도 말이 갑옷을 걸치고 장검을 든 부조로 돌에 새긴 〈십이지오상〉, 조선시대에 만들어진 〈일직·월직사자〉는 목제조각으로 충청지방에서 상여에 장식하던 것으로 죽

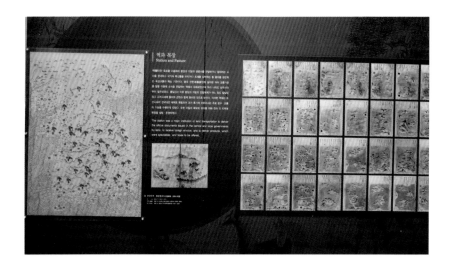

은 자의 영혼이 승천하도록 인도하는 구실을 하는데 낮에는 일직사자가, 밤
에는 월직사자가 각각 시왕에게 인도한다고 전한다.

마상배는 전쟁터에 나가기 위해 말에 올라 탄 장군에게 임금이 직접 부하
들이 보는 앞에서 승리를 기원하는 술을 채워주던 술잔이기도 한데 대체로
굽이 뾰족하거나 높아 불안정하고 바닥에 놓을 수 없는 특성을 가지고 있어
말 위에서 사용했던 것으로 추측된다. 백자 마상배와 청자 마상배를 볼 수 있
다.

말갈춤(馬具)은 말을 부리거나 올라 앉기 위해 또는 말을 꾸미기 위해 쓰이
는 모든 장비를 말한다. 우리나라에서 말갈춤이 나타나기 시작한 것은 초기
철기시대부터이지만, 본격적으로 사용한 것은 삼국시대 이후이다.

말갈춤은 그 기능에 따라 말을 부리기 위한 제어용구와 말을 편하게 타기
위한 안정용구 그리고 위엄을 갖추기 위한 장식용구로 구분한다. 전시장에서

볼 수 있는 말갈춤으로는 말의 입에 물리는 재갈, 청동제 장식의 띠고리와 장식드리개 등 청동금구, 말 안장 후륜에 꾸미는 말띠 꾸미개와 띠고리, 말 머리부분에 장식하는 말머리갖춤 등이 있다.

안장의 발전상은 고구려 고분벽화를 통해 알 수 있다. 삼국사기의 기록을 보면, 신라의 진골과 각 품의 등급에 따라 안장의 장식에도 차등을 두었다. 조선시대의《경국대전》등의 자료에 의하면, 1, 2품관은 상어가죽으로 장식하고 언치는 녹색이며 다래는 단자나 쇠가죽으로 하고 배대끈과 굴레는 세 겹으로 꼬아 만든다. 3품도 상어가죽으로 장식하고 언치는 녹색, 유록색에 배대끈을 하고 굴레는 세 겹으로 꼬아 만든다. 4품은 백녹각으로 장식하고 굴레는 두 겹으로 꼬아 만든다. 5, 6품은 백녹각으로 장식하고 굴레는 한 겹으로 만든다. 9품은 백녹각으로 각각 구분하였다.

말을 탈 때 발걸이는 가죽으로 사용하다가 철이나 구리를 사용하였다. 그

모양은 고리형이거나 발 밑부분이 닿는 부분은 평평하고 넓게 만든 모양이거나 넓고 원형으로 만든 것 등 다양하다.

이외에 임금이 행차할 때 호위하던 의장용 기치, 귀신의 얼굴을 새긴 말방울, 말굽에 부착하는 편자, 말의 소유주를 식별하기 위해 불에 달구어 말의 엉덩이 등에 찍는 쇠도장인 낙인, 말 양 옆구리에 매달았던 행낭과 길마, 전투마의 눈만 내놓게 하는 가리개, 고려시대의 공민왕이 손수 그린 출렵도가 있다. 좀 이색적인 자료로는 마구간이나 말의 몸에 붙여 무병을 빌었던 부적, 말에게 약을 먹일 때 쓰던 약질이 등이다.

조선시대엔 말이 주로 교통수단으로 쓰였기 때문에 파발역에서 말을 쓸 수 있는 한도를 표시한 마패는 일종의 공무원 신분증 같은 것이다. 마패에는 말이 하나에서 열 개까지 그려진 게 있다고 기록에는 전하나 현재 다섯 개가 그려진 마패까지만 발견되었을 뿐이다.

마사박물관이 자랑하는 소장품의 하나는 조선 헌종 15년(1894년), 당시의 전국 목장의 실태를 지도 위에 나타낸 전국 목장 분포도이다.

마사박물관이 서울 경마장 안에 위치해 있어 주말이면 경마장을 찾는 레저스포츠 애호가들에게 또 하나의 구경거리가 되고 있다.

과거에는 전쟁과 이동수단으로 이용했던 말이 이제는 레저문화의 한켠으로 사라져 우리 주변에서 쉽게 볼 수 없음이 아쉽다. 경마장이나 동물원에 가야 볼 수 있는 말이지만, 역사 속에서 우리 민족과 함께 해온 가장 가까운 동물이 바로 말이라는 사실은 잊지 말아야 할 것이다.

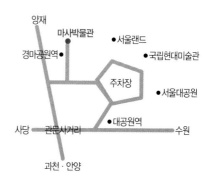

● ● ●   **마사박물관 이용 안내**
◆ **연중무휴**이며 개관시간은 오전 9시 ∼ 오후 6시까지이다.
◆ **입장료**는 무료이며 박물관 전시설명 안내요청은 월요일과 화요일을 제외한 날 사전예약을 해야 한다.
◆ 마사박물관 **위치**는 경기도 과천 서울경마장 내로 전철 4호선 경마공원역에서 하차하여 약 10분 거리에 있다.
◆ **마사박물관** 주소 : 경기도 과천시 주암동 685번지
◆ 전화 : **02)509-1283**, 홈페이지 http://museum.kra.co.kr

한국의 특수박물관
지도박물관

우리 생활의
길라잡이가
되어주는
지도

　70~80년대까지만 해도 레저용 지도책 구하기가 어려웠다. 큰 맘 먹고 멀리 여행을 떠나고 싶어도 먹고, 자고, 구경할 수 있는 상세한 관광지도가 없어 물어물어 다녔던 기억이 난다. 그런데 이제는 스마트폰, 아이폰을 통해서 지도를 볼 수 있고 그리고 승용차의 내비게이션이 길 안내를 해주기 때문에 편리한 세상이다.

　현재 미국 국방부가 지상으로부터 20,200㎞의 상공에 16대의 항법위성을 올려놓고 12시간마다 지구를 한 바퀴 도는 GPS(Global Positioning System), 즉 범지구위성항법시스템을 통해 지구 곳곳의 위치를 파악하여 정보를 제공하고 있다. 최근 구글 어스가 제공하는 지도는 건물 구조까지도 나타내 줄 정도라서 사생활침해 논란까지 일고 있을 정도다.

　이토록 첨단과학과 정보통신의 발달은 날이 갈수록 편리해지고 있어 어디까지가 끝인지 감을 잡을 수 없다. 요즈음은 여행을 즐기는 문화가 날로 번창하고 있어 관광지나 지자체마다 홈페이지 등을 통해 다양한 정보들을 지도로 나타내주고 있어 찾기가 편리하다.

이러한 시대가 도래하기까지 지도는 어떠한 변천과정을 거쳐 오늘에 이르게 되었는가, 그리고 지도는 어떠한 방법으로 만들어지는가를 상세하게 볼 수 있는 지도박물관이 경기도 수원시 영통구에 위치하고 있다.

국토해양부 국토지리정보원이 2004년 11월 개관한 지도박물관은 국내 유일의 지도 및 측량전문 박물관이다. 지상 2층 건물로 전시실 3관과 야외전시장에 우리나라 및 서양고지도, 측량기기, 세계 각국의 지구본, 경위도 원점 및 기준점 모형, 측량체험학습장 등을 전시하고 있다.

박물관에 들어서면 중앙홀에 있는 직경 2m에 이르는 대형지구본과 무궁화 위성 모형 및 대형 한글 한반도 지도 〈국토사랑〉을 관람할 수 있다. 지구본에 나타난 지구 전체의 3분의 2가 바다로 둘러싸여 있고 육지부분에서 우

리나라가 차지하고 있는 면적은 너무도 작아 큰 대륙이 부러울 정도다.

제2전시관인 역사관에는 지도의 역사와 종류에 대한 내용을 전시하고 있으며, 1810년에 만들어진 세계지도 〈신정만국전도〉와 1852년에 제작된 〈지구만국방도〉 등 세계지도를 비롯하여 조선전도, 군현지도, 도성도 등 고지도를 볼 수 있다. 바닥에는 대형으로 인쇄된 〈대동여지도〉가 있어 조선시대의 우리나라 지명들과 산맥 등을 알아볼 수 있다.

제3전시관인 현대관은 측량 및 지도제작 장비들이 전시되어 있어 거리, 높이, 좌표 등 측량에 대한 개념을 이해할 수 있고, 지도가 어떠한 방식으로 제작되는지도 살펴볼 수 있다. 또한 다양한 지구본 및 한반도 조망여행 코너, 지도제작 체험코너 등이 있다.

특히 전 국토의 지리공간 정보를 디지털화하여 수치지도로 작성하고 다양한 정보통신기술을 통해 재해, 환경, 시설물, 국토공간 관리와 행정서비스에 활용하고자 하는 첨단정보 시스템인 GIS(Geographic Information System)에 대한 이해를 돕는 코너가 관심거리이다.

제4관 야외전시장은 대한민국 위치의 기준이자 출발점인 경위도 원점은 물론 고산자 김정호 동상이 서 있고, 측량체험 학습장에서 삼각측량과 수준

측량을 체험해볼 수 있다.

지도박물관은 이뿐만 아니라 프로그램을 운영하고 있는데 찾아가는 지도 박물관 서비스, 전국 어린이 지도 그리기 대회, 측량체험 학습장 등을 통해 지도의 중요성과 우리 국토의 소중함을 일깨워 주고 있다.

지도의 역사 이전에 인류는 지구의 생김새에 의문을 품었었다. 고대시대에 그리스의 피타고라스가 지구가 둥글다고 주장한 이후 삼각측량법을 사용하여 지구의 크기를 밝혀낸 사람은 네덜란드의 W. 스넬이다. 그리고 1800년대 말에는 K.F. 가우스에 의해 지구의 북극과 적도 사이의 원주를 1만분의 1로 나눈 것을 1m로 하자고 제안함에 따라 국제적인 정의가 되었다. 또한 지구의 면적이나 형태 등을 측량하기 위한 측지 기준점을 북아메리카의 기준점으로 하자는데 세계가 인정하고 있다.

오늘날 측량을 통해 수많은 지도가 만들어지는데, 지도의 역사를 보면 고대 바빌로니아의 지도는 4,500년 전의 것으로 판명되었다. 태양열로 구운 벽돌 표면에 나뭇가지로 그린 것으로 현재 영국박물관에 보관되어 있다. 15세기에는 프톨레마이오스의 〈지리서〉와 지도가 이탈리아에서 인쇄되었다.

15세기 말부터 16세기 초에 콜럼버스가 신대륙을 탐험하고 마젤란이 세계일주를 시작하면서 지구의 바다와 대륙의 분포가 정확해지고 인쇄술의 발달에 따라 많은 세계지도가 출판되었다.

우리나라는 삼국시대 이전의 지도에 관한 기록은 남아있지 않고《삼국사기》에 의하면 고구려 영류왕 11년(628년)에 당나라에 사신을 보내면서 〈봉역도〉라는 고구려 지도를 보냈다고 하며, 평양 부근에서 발굴된 4세기경의 고구려 벽화의 지도를 봐도 그림형식의 지도가 있었음을 알 수 있다.

백제의 지도에 관해서도《삼국유사》에 남부여조(南扶餘條)에 '도적(圖籍)'이라는 표현과 '백제지리지(百濟地理志)'라는 기록이 있으며,《삼국사기》에 문무

왕 11년(671년)에 신라와 백제간 경계를 지도에 의하여 살펴보았다는 기록 등이 있다.

고려시대의 지도는 현재 전해지지 않으나, 의종 2년(1148년)에 이심, 지지용 등이 송나라 사람과 공모하여 고려지도를 송의 진회에게 보내려다가 들켜서 처벌을 받았다는 기록이 〈고려사〉에 있고, 현종 때에는 행정구역을 10도에서 5도 양계로 개편하고 〈5도양계도〉를 작성했는데 조선 전기 지도작성에 많은 영향을 주었다는 기록이 있다.

조선시대 초기에는 선교사에 의해 전해진 서양문물의 영향을 입은 시기로 한문으로 번역된 서양 지리서가 중국을 거쳐 국내에 들어왔다. 이슬람의 아라비아 지리학의 영향을 받은 프톨레마이오식의 세계지도가 도입되어 당시의 지도제작에 영향을 주었다.

우리나라 지도 중에는 이회 등이 1402년에 제작한 〈혼일강리역대국도지도(混一疆理歷代國都地圖)〉가 있다. 이 지도는 동양 최초의 세계지도로 알려져 있다.

조선시대 지도제작에 평생을 바친 고산자 김정호는 〈청구도〉, 〈동여도〉, 〈대동여지도〉 등 정확한 과학적 실측지도를 만들었다. 출생연도가 분명하지 않은 김정호는 30년 동안 전국을 돌아다니는 발품으로 1834년 〈청구도〉를 완성했고 1861년에는 조선시대에 만들어진 지도 가운데 가장 정확한 〈대동여지도〉를 완성하였다.

〈대동여지도〉는 16만분의 1의 축척지도로 지형, 교통, 취락과 산줄기, 물줄기를 사실적으로 그려 지표의 기복을 충분히 전달하고 있으며 그림기호를 범례로 제시하고 있다.

〈대동여지도〉는 전체를 펼쳐 이으면 가로 4.0m, 세로 6.6m이다. 현재 남아 전하는 것 가운데 소장본이 보물 제850호로 지정되어 성신여대 박물관에

보관되어 있다.

　조선 후기에는 목판본 지도제작이 활발했으며 군사적인 목적으로 만들어진 관방지도가 비교적 많이 남아있다. 또한 중국과 일본에서는 별로 발달하지 않은 지도책 제작 보급이 이 시기에 발달하였다.

　대한제국시대에 최초의 현대식 지도인 〈대한전도〉가 1899년에 발간되었고, 1909년 토지조사 사업의 일환으로 지형도, 지적도와 같은 근대지도의 제작에 착수하였으나, 일제의 강점으로 뜻을 이루지 못하였다.

　일제 총독부는 토지수탈과 군사적 목적으로 1914년부터 평판측량의 방법으로 우리나라 전역의 5만분의 1 지형도와 주요 도시지역 2만 5천분의 1 지도를 제작하였다. 정부수립 이후 일본 육지측량부로부터 이러한 지도의 일부를 인수받게 되었다.

　이후 1946년에 미군은 한국 전역에 걸쳐 지도제작을 위해 항공촬영을 하여 2만 5천분의 1 지도를 만들었다.

　1968년부터는 고속도로 건설, 공업단지 조성, 4대강 유역 개발사업 등 대단위 국토개발사업에 항공사진 측량이 활발하게 응용되어 다양한 용도의 지도가 제작되었고 자치단체 등이 이를 활용하였다.

　1974년 11월에 국립 건설연구소는 건설부 국립지리원으로 개편되었고 2003년 명칭이 국토지리정보원으로 변경되어 오늘에 이르고 있다.

　일반적인 축척별 지도는 세 가지로 구분하는 데, 대축척지도는 1/1천, 1/5천 지도로 실시설계나 기본설계, 도시계획 등에 활용된다. 중축척 지도는 1/1만, 1/5만, 1/2만 5천 지도로 도시계획이나 지역계획에 활용되고 소축척 지도는 1/25만, 1/100만 지도로 국토계획시 활용된다.

　최근 몇 년 전만 해도 지도책 하나 없는 집이 없을 정도였고 승용차 안에도 하나쯤 넣어두는 게 일상화되어 있었다. 그러나 스마트폰과 아이폰이 나오고 내비게이션이 출현하면서 인쇄용 지도책은 점점 사라지고 있다.

우리의 일상생활에서 만일에 지도가 없다면 어떠한 일이 벌어질까 생각해 보면 머리가 복잡해진다. 교통마비가 일어날 것이고 도시 계획을 세울 수 없을 것이고 여행은 막막한 일일 것이다. 따라서 지도박물관을 통해 지도의 생생한 역사와 쓰임새를 알아봄으로써 지도의 소중함을 다시 한 번 깨닫게 된다.

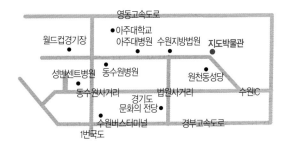

●●● 지도박물관 이용 안내

◆ **연중무휴**이며 개관시간은 오전 10시 ~ 오후 5시까지이다.
◆ **입장료**는 무료이며 단체관람시 오전 11시, 오후 3시 가능하다.
◆ **박물관 가는 길**은 **시외버스나 고속버스 이용시** 수원시외버스터미널에서 하차하여 시내버스를 타고 동수원전화국 앞에서 하차.
 – **자가용 이용시** 영동고속도로에서 동수원 IC로 나와 광주 방향→수원월드컵경기장→아주대학교를 지나서 지하차도를 빠져나와 바로 좌회전
 – **경부고속도로**에서는 신갈IC로 나와 수원방향 42번국도→ 15분 정도 직진하다가 수원남부경찰서 4거리에서 우회전하면 된다.
◆ **지도박물관** 주소 : 경기도 수원시 영통구 월드컵길 587번지
◆ 전화 : 031) 210-2667, 홈페이지 http://museum.ngii.go.kr

한국의 특수박물관
해금강
테마박물관

근대사 자료를
통해 본
그 시절,
그 추억

　최근 꿈의 바닷길이라 할 수 있는 거가대교가 개통되었다. 이제 거제도는 하나의 섬이라는 외로움을 벗어나 부산까지 연결됨으로써 거제시민들이 부산에서 쇼핑을 하게 되었고 관광객의 숫자도 훨씬 늘어나고 있다고 한다.

　중국의 진시황제가 불로장생초를 구해오라고 신하 3천명을 보냈다는 해금강에는 약초가 많이 나는 섬으로 유명한데 그 해금강 가는 길에 해금강테마박물관이 자리하고 있다. 해금강이 푸른 바다 위에 떠 있고 신선대 바위와 전망대 그리고 영화촬영지로 알려진 바람의 언덕에는 풍차 한 대가 여유롭게 돌아가고 있다. 마치 파도의 물거품으로 칠해진 듯 하얀 박물관 건물 또한 뒤지지 않는 절경이다.

　유천업 관장이 2005년 박물관을 설립하기까지의 동기는 자녀를 키우면서 뭐든지 새것만 좋아하고 조금 가지고 놀다가 싫증나면 버리는 아이들의 물건을 하나하나 모아두기를 즐겼다고 한다. 그리고 경남 창원에서 호텔지배인으로 근무하고 있을 때, 외국인 동료들이 선물로 주고 간 모형 범선 10척을 언젠가 한번 전시한 일로 세간의 주목을 받게 되면서 수집광이 되어 전 세계의

해양지도와 선박 운항장비, 잠수장비 등을 모으게 되었다고 한다.

이러한 계기로 모은 유물이 무려 40만 점이나 되며 현재 박물관은 조그마한 폐교를 개조하여 5만 점을 전시하고 있다. 보다 넓은 공간을 확보해 모든 유물을 찾아오는 이들에게 보여주는 게 꿈이라고 한다.

박물관 1층은 흘러간 50여 년 전부터 60~70년대의 소박한 생활유물들이 전시되어 있고, 2층은 세계의 범선, 유럽장식 미술, 중세가구, 도자기 인형, 가면 등 서양유물들이 주로 전시되어 있다. 대부분의 박물관들은 사진촬영이나 유물을 만지는 것을 금하고 있지만 이곳은 전혀 그렇지 않다. 심지어 타보기도 하고 유물과 동화되어 사진으로 담아갈 수 있을 만큼 자유로운 전시공간이다.

1층 전시관은 마치 잃어버린 세월과 추억을 생생하게 기억나게 해주는 공간이다. 크게 구분지어 복도의 공간갤러리, 그때 그 시절, 학교종이 땡땡땡!, 엄마 아빠 어릴 적엔, 카메라 영사기 변천사관, 진공관에서 디지털까지 소리전시관, 추억으로의 여행 등 다양하게 꾸며져 있다.

박물관 입구에는 빨간 우체통이 하나 서 있다. 일제시대에 종로거리에 서 있다가 일본으로 건너갔고 해방이 되어 다시 우리나라로 돌아와 이곳 박물관까지 오게 된 한 많은 우체통이다. 말 못하는 우체통이지만 그 속에 담긴 역사적 사연들이야 어디 백과전집만 못 하겠는가 싶다.

1층 복도는 벽면에 격동의 역사 50년을 뒤돌아 볼 수 있는 흑백사진들이 빼곡하게 들어서 있다. 이승만, 박정희 대통령 시절에서부터 70~80년대 민주화운동에 이르기까지 기록사진들이 다양하게 걸려 있다.

그리고 한쪽 벽면에는 가족계획 표어와 포스터들이 붙어 있다. "하나씩만 낳아도 삼천리는 초만원", "아들 딸 구별 말고 둘만 낳아 잘 기르자", "덮어 놓고 낳다 보면 거짓꼴을 못 면한다" 등. 그 시절에 가족계획 정책으로 가정

마다 콘돔을 나눠주어 철부지들은 길거리에서 풍선인 줄 알고 불고 다녔다.
요즈음은 인구가 줄고 있어 다자녀 가정에 대한 지원정책을 펴고 있으니 격
세지감을 느낀다.

그리고 복도 전시장에는 모기 잡는 홈키파, 분무기를 비롯하여 이뿐이 비
누, 소진, 안티푸라민, 각종 소화제와 어린이들이 좋아했던 과자들로 밭두렁,
골목대장, 뽀빠이, 자야, 아폴로 등등이 있고 초중등학교 교과서를 비롯하여
각종 생활용품들이 전시되어 있다.

어느 벽면에는 영화 포스터가 덕지덕지 붙어 있는데, 홍도야 우지마라, 고
개를 넘으면, 팔도 구두쇠, 두만강아 잘 있거라, 하숙생, 전쟁과 평화, 애창
등 원색적인 포스터들이 눈길을 사로잡는다.

어느 동네 골목가게의 모습을 재현한 공간에는, '어서 오십시오, 향 조은

커피 신속배달'이라 써 있는 꽃다방과 조미료 감치미 광고 등이 대롱대롱 매달려 있고 아이들 뽑기와 과자들이 제일 먼저 반기는 진주상회, 유천세탁소, '이현세 외인구단 입하'라고 써있는 짱구 만화방, 삼육연탄배달소인 동원 연탄, 해금강 건어물, 학표비닐 대리점, 재건약국, 문간에 미성년 출입금지와 반공방첩 표지가 붙어 있는 삼광사 전당포는 각종 폐물, 은비녀, 양복, 가죽잠바, 시계, 청바지, 자동우산, 수련장 참고서 등을 받는다고 적혀 있다.

이외에도 소리전파사, 광대포 옥이네, 신세계 레코드, 장미 미용실 등이 있으며, 엄마 어렸을 적에라는 푯말이 붙어있는 방과 주변에는 자개농, 다리 달린 TV, 작두펌프, 대야, 빨래판, 항아리, 물지게, 솥 등 가재도구들이 전시되어 있다.

그리고 학교 종이 땡땡땡! 코너는 60~70년대 교실모습으로 조그마한 풍금이 놓여 있고, 칠판 위에 태극기와 대통령 사진, 교훈이 나란히 걸려 있고 조개탄을 때던 난로 위에는 겹겹이 도시락이 올려져 있다. 난로가에는 불조심이라고 써있는 빨간 주전자와 대야가 놓여 있다. 자녀와 함께 온 가족들은 조그마한 책상의 의자에 겨우겨우 앉아 사진을 찍으며 추억 이야기를 나눈다.

담배가게에는 당시의 담배들이 진열되어 있다. 담배는 1590

년경 임진왜란 때 일본군에 의해 처음으로 소개되었다. 1905년에 우리나라 최초의 궐련 담배 '이글'이 생산되었고, 일제시대에는 '아사히', '사쿠라' 등 30여 종이 발매되었다. 그동안 발매된 담배 이름에는 역사적 사연이 담겨 있다. 해방을 기념해 처음 생산된 담배는 '승리'였고, 1949년 선보인 최초의 군용담배는 '화랑'이었다.

6.25전쟁 이후 폐허가 된 조국을 되살리자는 의미에서 '건설', 희망을 불러일으키기 위해 '파랑새', '57년에는 평화와 조용함을 나타내는 '진달래', '사슴'이 등장하고 60년대 우리나라 최초의 현대화된 담배공장이 신탄진에 준공되면서 '신탄진'이, 새마을운동을 독려하기 위해 '새마을', '새나라', '상록수'가 나왔다. 70년대에는 관광객용의 '태양' 수출용으로 '진생' 등이 나왔다.

이후로는 88올림픽을 기념하는 88라이트, 88골드, 88맨솔, 90년 엑스포와 IMF때에는 외래어 이름의 담배들이 쏟아져 나오고 담배에 미아찾기, 각종 기념일, 포스터 등 광고가 많이 등장했다.

2층의 유럽전시관에는 복도 공간갤러리, 세계 유명 모형범선, 영원한 전설—중세의 기사관, 밀랍인형과 칸느영화 포스터, 프랑스 도자기 인형과 이탈리아 베네치아가면관, 세계명화관, 유럽장식 미술관으로 구분되어 다양한 유럽의 장식품들이 전시되어 있다.

　세계 유명 모형범선 중에는 17세기 유럽에서 이름을 날렸던 '바다의 군주호', 1492년 콜롬버스가 제1차 항해로 서인도제도 발견시 탔던 '산타마리호', 1805년 영국의 넬슨제독이 나폴레옹의 프랑스 함대를 무찔렀던 트라팔카 해전의 무적선 '빅토리호' 등도 이곳에서 볼 수 있다.

　이러한 범선 가운데는 보물선도 있다. 어렸을 때 해적과 보물선 이야기의 만화에 흠뻑 빠져본 적도 있다. 지금도 바다에는 수많은 보물선이 가라앉아 있어 이를 찾는 해양탐사가 이루어지고 있음을 해외언론을 통해서 간간히 듣는다.

　1771년 네덜란드 왕실의 배 프라우 마리아(Frau Maria)호는 러시아의 예카체리나 여제와 예술품 구매계약을 맺고 유럽의 값비싼 조작과 공예품을 잔뜩 싣고 네덜란드 암스테르담을 출발하여 핀란드 부근에 이르렀을 때 폭풍우를 만나 침몰하였다.

　이 배는 1999년 핀란드 스쿠버다이버들에 의해 발트 해 탐사 중 발견되었다. 배 안에는 수 많은 귀중품 가운데 렘브란트와 반 고엔 등 네덜란드 화가들의 걸작 27점이 손상되지 않은 채 실려 있었다고 한다. 배에 실려 있는 물건의 값어치가 5억~10억 유로에 이른데, 핀란드 정부는 보물선이 우리 영해에 가라앉았으니 우리 것이라고 하고, 러시아는 사전에 구매계약을 체결했으므로 우리 것이라는 주장이고, 네덜란드는 예술상들에게 돈까지 지불했으므로 자국 소유라고 하여 나라간 인양문제를 놓고도 각축전이 벌어졌다고 한다.

　러시아 제국시대에 발트 해의 핀란드 해역에 가라앉은 배만 해도 6,000척이 넘는다고 한다. 이토록 풍랑이나 해적에 의해 난파된 보물선은 유럽뿐만 아니라 사이판 부근, 포르투갈 해역 등 세계 곳곳의 해양에서 지금도 잠자고 있어 최첨단 장비를 동원하여 해양탐사를 통한 보물선 찾기가 지금도 계속되고 있다.

　2층 전시실에는 또 세계의 화폐 100여 종과 지구본, 술병, 로마의 병사들과 함께 전시된 중세기의 갑옷은 '카메롯의 전설', '바이킹', '기적' 등 영화를 통해 익숙했던 강철갑옷과 투구를 볼 수 있다. 그리고 영국의 밀랍인형관에는 영국의 G.D.F사가 만든 아인슈타인, 베트맨, 마스크맨 등이 있는데 아이들에게 호기심을 자아내게 한다.

그리고 프랑스 도자기 인형은 크고 작은 인형들이지만 형태가 모두 다르다. 기사 인형의 얼굴, 팔, 다리를 도자기로 구워 얼굴을 메이크업한 후에 옷을 디자인하여 입혔다. 도자기 인형뿐만 아니라 다양한 도자기 종들과 접시들 또한 장식용으로 화려하기가 이를 데 없다.

우리나라 과거사의 삶과 역사를 뒤돌아보게 하는 1층의 전시유물과 2층의 독특한 서양 장식품들을 보면서 거제도가 가지고 있는 또 하나의 소중한 관광상품이 바로 해금강테마박물관이라는 생각이 든다. 조그마한 폐교를 활용하여 전시관을 만들다 보니 공간이 좁아 40만여 점의 소장품을 찾는 이들에게 보여줄 수 없어 못내 아쉬워하는 유천업 관장의 박물관 사랑을 절실하게 느낄 수 있는 곳이다.

●●● **해금강테마박물관 이용 안내**

◆ **연중무휴**이며 관람시간은 하절기 오전 9시~ 오후 7시, 동절기 오전 9시 ~ 오후 6시까지이다.
◆ **입장료**는 어른이 4,000원, 초중고생은 3,000원, 소인은 2,000원이다.
◆ **박물관을 찾아오는 길**은 거제대교를 지나 장승포 방향으로 해변가를 따라 거제도문화예술회관을 지나고 해금강 가는 방향으로 가다보면 학동 몽돌해수욕장→ 학동삼거리→ 함목 삼거리에서 좌회전하면 바람의 언덕이 있는 도장포마을 입구에 위치해 있다.
◆ **해금강테마박물관 주소** : 경남 거제시 남부면 갈곶리 262-5번지
◆ **전화 : 055)632-0670~1**, 홈페이지 http://www.hggmuseum.com

세계를
지배하는 화폐는
인류의
약속어음

흔히 화폐하면 주조화폐와 지폐를 생각하게 된다. 그러나 화폐는 이뿐만 아니라 금, 은, 동 등의 실질가치 이상의 액면가치를 지니고 있는 보조화폐와 당좌예금자가 발행한 어음이나 수표 등의 신용지급수단인 예금통화가 있다.

화폐는 물물경제에서 교환수단으로 이용되는 신용과 약속의 상징이다. 한 나라 안에서도 국가 간에서도 서로 통할 수 있는 화폐를 금액으로 나타낸다면 단위 상으로 헤아릴 수 없을 것이다. 이러한 세계적 화폐시장을 보면, 자국화폐와 외국화폐와의 교환비율 즉 외국환 시세와 금리 차이를 이용한 수익으로 국가 경제를 이루고 있는 선진국들이 많다.

우리나라도 동북아 금융허브를 꿈꾸고 추진계획을 하나하나 실천해나가고 있는 이유는 부존자원이 부족한 나라에서 전적으로 에너지 수입을 통한 선진국가경제를 이뤄나가기에는 한계가 있기 때문일 것이다.

우리나라의 화폐 제조기술과 디자인은 세계적인 수준이다. 외국의 화폐를 발행하여 수출할 정도로 뛰어난 기술력을 가지고 있는 한국조폐공사가 1988년에 충남 대전시 대덕연구단지 공사 부지에 화폐박물관을 건립하였다. 국내

외 화폐관련 자료 12만 점이 시대와 종류별로 구분 전시되어 있어 세계 화폐의 역사와 제조 기술력은 물론 화폐의 아름다운 디자인도 살펴볼 수 있다.

1층 제1전시관은 주화 역사관으로 화폐의 기원과 고대주화, 동서양의 화폐를 비롯하여 우리나라 화폐의 역사를 살펴볼 수 있다. 그리고 2층의 제2전시관은 지폐 역사관으로 우리나라 은행권의 변천사를 비롯하여 은행권 용지의 역사, 북한의 지폐도 소개되어 있다. 그리고 2층의 3전시관은 위조방지 홍보관으로 위조방지를 위한 지폐 제작방법을 소개하고 위조방지 체험을 할 수 있으며 제4전시관은 우표, 크리스마스 실, 메달, 훈장, 세계의 화폐, 수표·어음·채권·신분증·여권·카드 등이 전시되어 있다.

제1전시관에 들어서면 우리나라 최초의 근대적 조폐기관으로 1886년에 설립된 경성전환국이 고종 23년에 개국 495년이란 연기가 적힌 국조를 압인하여 발행했던 거대한 압인기가 놓여 있다. 그리고 조선시대 후기 주전소에서 주물사에 의한 방법으로 엽전을 만들던 모습을 축조 모형으로 재현해 놓았다.

화폐의 역사를 보면, 원시사회에서는 물물교환의 수단으로 주로 곡물, 직물, 가축, 농기구, 모피, 무기, 장식품 등을 사용하였다. 그러다가 점차 물물교환이 활발해지면서 기원전 16세기경에는 조개껍질을 사용하거나 물고기 모양의 청동화폐인 어패를 만들어 사용하였다. 기원전 8~3세기경 중국 춘

추전국시대에는 농기구 모양의 포전이 주조되었고, 이후에 칼 모양으로 만들어진 도전이 제나라를 중심으로 중국 전역에 널리 사용되었다.

서양에서도 기원전 6세기경 리디아(지금의 터키지방)에서 서양 최초의 주화가 만들어졌는데, 금과 은의 천연합금의 귀금속으로 동물모양의 금형을 조각하여 만들었다. 그리스에서는 기원전 6세기경부터 곡식 한 줌의 무게라는 뜻이 담긴 3~6그램 정도의 '드라크마'라는 은화를 주조했는데 아테네시의 상징인 올빼미와 벼이삭, 지배자의 얼굴, 만든 사람의 이름을 새겨 넣었다. 로마는 서기 1세기경 아우구스투스 황제가 화폐제도를 확립한 이후부터 황제마다 자신의 초상을 주화에 새기는 특유한 화폐문화를 만들어냈던 것이 오늘날까지도 나라마다 화폐에 인물이 들어가는 이유가 아닐까 싶다.

우리나라에서 최초로 주조된 주화는 성종 15년(996년)의 건원중보(乾元重寶)이다. 이후 100년이 지나 숙종 2년(1097년)에 대각국사 의천이 주화의 사용을 주장하여 주전관을 설치하고 1101년에 우리나라 지형을 본 따서 은병(銀甁)을 최초로 발행하였다.

조선시대에는 중국 원나라 지폐를 모방하여 태종 2년(1402년)에 조선통보를 만들었고, 숙종 4년(1678년)에 상평통보가 만들어져 전국적으로 유통되었다. 상평통보는 약 200년간 사용되었는데 대원군이 경복궁 중건 및 군비확장을 명목으로 상평통보보다 명목가치가 실질가치의 20배에 달하는 당백전을 발행하여 당시에 물가폭등을 일으켰고 조선 말기에 경제에 큰 혼란을 초래하였다.

개항기 및 대한제국시대에는 외국과의 무역거래가 이뤄졌는데, 외국화폐는 은으로 만들어졌고 우리나라 상평통보는 동으로 만들어져 불편한 점이 많아 고종 19년에 대동은전을 만들었으며 고종 24년에는 최초의 상설조폐기관인 경성전환국을 설립하였다.

한일합방 이후에는 주로 일본이 발행한 주화를 사용하여 한국화폐의 존재가치를 상실하였고 광복과 함께 1950년 한국은행이 설립되고 1959년에 미국

필라델피아조폐국에서 십환, 오십환, 백환화를 제조·발행함으로써 반세기 만에 우리나라 주화가 등장하게 되었다.

　기념주화는 1970년 '대한민국 5000년 영광사' 기념주화가 외국에서 처음 발행된 이래 1975년 광복 30주년 기념주화를 비롯하여 국내에서 열렸던 국제경기 및 각종 행사관련 기념주화들이 발행되었다.

　제2전시관은 지폐역사관으로 세계 지폐와 우리나라 지폐의 변천사를 살펴볼 수 있다. 세계 최초의 지폐는 997년 중국 북송시대 지금의 사천에서 발행된 예탁증서 형태인 '교자(交子)'라는 사찰이다. 1023년에는 교자발행소 설립으로 일반인들에게까지 널리 사용되었다.

　유럽에서는 17세기 초 영국에서 처음으로 지폐가 사용되었다. 금을 다루는 장인이 발행한 예치증서로서 오늘날 은행권의 모체로 여행 중의 도난방지를 위하여 금융업무를 수행하던 금장(金匠)에게 돈을 맡기고 예치증서를 받은 뒤 목적지의 지정된 금장에게 가서 보여주고 돈으로 교환받았다.

우리나라 최초의 지폐는 1891년에 제조된 '호조 통화태환권'이다. 이후 일본의 제일은행은 조선 정부의 승인도 없이 우리나라에서 제일은행권으로 십원권을 발행하였다. 그리고 식민지 중앙은행으로 한국은행을 설립하고 구한국은행권, 조선은행권이 순차적으로 발행되었으며 해방 이후 1950년 한국은행이 설립되면서부터 우리 은행권을 발행하였다.

1953년에는 한국전쟁의 인플레이션을 수습하기 위한 통화개혁을 단행, 화폐단위를 백분의 일로 절하하여 원(圓)을 환(圜) 표시로 바꿔 발행하였다. 그리고 1962년 경제개발계획에 따른 통화조치로 다시 화폐단위를 십분의 일로 절하한 원 표시의 화폐를 발행하여 오늘에 이르고 있다.

제3전시관의 위조방지홍보관에서는 날로 정교해져가는 은행권 및 유가증권류의 각종 위·변조 사례와 이에 대응한 위조방지 방안을 알 수 있도록 상세하게 지폐 하나하나를 그림으로 분석하여 보여주고 있다.

지폐의 위조방지 요소로는, 육안으로 액면숫자를 숨은 그림 옆쪽에서 확인할 수 있도록 돌출은화처리를 하고 숨은 그림, 앞뒤판 맞춤, 숨은 막대, 미세문자, 홀로그램, 요판장삼, 숨은 은선, 색변환잉크를 사용하기도 한다.

제4전시관인 특수제품관에서는 우표, 크리스마스 실, 메달, 훈장, 세계의 화폐 등을 볼 수 있다. 세계 최초의 우표는 1840년 영국에서 발행된 '페니블랙'이다. 우리나라는 고종 21년(1884년) 개화파 홍영식의 노력으로 서구식 우편제도를 도입, 우정총국을 개설하고 우표 5종을 발행하였다.

크리스마스 실은 19세기 말 결핵으로 죽어가는 어린이를 지켜보던 덴마크 우체국 직원인 아이날 홀벨의 결핵퇴치기금 마련의 사랑이 1904년 최초로

크리스마스 실로 발행되었다. 우리나라는 1932년 캐나다 선교 의사인 셔우드
홀 박사에 의해 발행되었다.

　메달은 고대시대부터 체육경기에 그리고 훈장은 중세 유럽에서 신분 표시
의 방법으로 활용되었다. 우리나라는 현재 12종의 훈장종류가 있는데, 공적
을 세운 국민이나 우방 국민에게 수여하고 있다. 최고 훈장인 무궁화대훈장
을 제외한 모든 훈장은 5등급으로 나누어진다.

　이외에도 이 전시관에서는 세계의 화폐와 수표, 어음, 채권 등을 볼 수 있
다. 각국의 화폐를 보면 그 나라 고유의 민족적 특징과 예술성을 알 수 있다.
특히 지폐에 실린 인물상을 보면 주로 대통령이나 왕, 학자들이 대부분인데,
덴마크의 200크로네에는 여배우 인물이, 체코의 2000코루나는 오페라가수,

스페인의 2000페스타에는 식물학자가 그리고 5000페스타에는 탐험가가 실려 있어 나라마다 가지고 있는 인물 평가의 잣대를 가름해볼 수 있다.

과학이 발달하면 할수록 화폐의 제조기술도 발달하겠지만, 위조지폐를 만드는 수법도 덩달아 발달하는 것을 보면 돈의 매력이 어디에 있는지 알 수 있게 해주는 박물관이다.

●●● 화폐박물관 이용 안내

◆ **휴관일**은 매주 월요일과 1월 1일, 설날 · 추석연휴, 정부지정 임시공휴일이다.

◆ **입장료**는 무료이며 개관시간은 오전 10시 ~ 오후 5시까지이다.

◆ 박물관을 **찾아오는 길**은 대전역에서 지하철을 이용 정부청사역 하차하여 604, 301, 918, 606번 버스 환승하여 KIST 후문 하차

　－ **동부터미널**에서는 102번 버스를 타고 정부청사역 하차 604번 환승, 또는 106번 버스를 타고 교육청 하차 604번 환승

　－ **고속도로 이용**시 북대전IC 빠져나와 EXPO과학공원을 지나 우회전하여 과학기술대학방향, 유성IC 빠져나온 경우에는 충남대학교, 한국과학기술원 지나서 좌회전하여 과학기술대학 방향이다.

◆ **화폐박물관** 주소 : 대전광역시 유성구 과학로 54

◆ 전화 : **042)870-1000, 1200** 홈페이지 http://museum.komsco.com

한국의 특수박물관
농업박물관

농업은
인류와 함께 하는
생명산업

　우리 선조들은 풍년농사를 위해 농토를 개간하고 과학적인 농기구들과 농사법을 개발하는 데 심혈을 기울여 왔다. 곳간에 식량이 가득해야 마음이 편하고 나라도 부강했던 오천년 농경문화의 역사적 사실은 오늘날에도 마찬가지일 만큼 농업은 소중한 우리의 생명산업이다.

　가장 어려웠던 때는 한국동란 이후 60년대 초반까지로 매년 춘궁기와 보릿고개를 넘기지 못하고 굶어 죽는 사람들이 허다했다고 한다. 이를 해결하기 위해 2010년 타계한 허문회교수가 병에 강하고 일반 벼 품종보다 생산량이 약 40%나 많은 통일벼를 개발해냄으로써 식량 자급자족이라는 아시아의 녹색혁명을 이뤘다.

　그러나 지금도 쌀을 제외한 대부분의 식량은 수입에 의존하고 있는데, 향후 기후변화에 따른 지구의 식량대란을 점치는 미래학자들의 예고를 그냥 안일하게 넘길 일은 아니다. 보다 과학적인 식량생산 정책이 요구되고 있다.

　이토록 중요한 농업과 농경문화의 과거와 현재를 도시민들과 학생들에게 알리기 위하여 1987년 농업협동조합중앙회가 농업박물관을 설립하였고,

2005년 7월 전시장을 새롭게 리모델링하여 문을 열었다. 농경문화연구와 농경유물 발굴, 보존에 노력하여 현재 5천여 점의 농경유물을 소장하고 있으며, 연면적 3천여 평방미터에 상설전시실, 기획전시실, 영상실, 체험실 등을 갖추고 있다.

1층의 농업역사관은 선사시대부터 근현대에 이르기까지의 농업발달사를 살펴볼 수 있는 곳으로 유물, 영상을 비롯해서 주요 농경유적의 축소모형을 통하여 각 시대별 농경문화의 모습을 살펴볼 수 있는 곳이다.

이 전시실에서 농업사 연표를 보면, 기원전 1만년 경~1천년 경에 이르는 신석기시대에는 가축을 키우고 농사를 지으면서 식량을 직접 생산하였으며 물과 먹을 것이 풍부한 바닷가나 강가에 움집을 짓고 공동체 생활을 하였다. 오곡농사를 시작한 때는 청동기시대인 기원전 700년 경이라고 추측하고 있는데 이 무렵의 탄화된 쌀이 출토되기도 하였다.

선사시대의 농기구는 주로 돌이나 나무가 되겠지만 청동기시대에 들어와서 마제석기의 전성기를 이루었다. 청동기시대의 농기구인 따비는 대형화된 농기구로서 이 시기에는 아주 과학화된 농기구로 농사생활이 이루어졌다고 본다. 당시의 따비는 조선시대의 따비와 비교해 봐도 형태면이나 크기도 별 차이가 없을 정도다.

청동기시대의 논 유적에서는 주변의 작은 하천을 막아 보를 설치하여 관개시설을 만든 흔적이 보이며 보를 통해 수로로 흘러들어온 물을 다시 논으로 들어가도록 하였던 것으로 보인다. 그리고 수로와 논 사이의 둑에는 물꼬

가 만들어져 있고 가장 높은 논으로 들어온 물이 점차적으로 낮은 논으로 흘러들어가도록 설계되어 있었다.

우리나라에서 철기로 제작된 농기구가 등장한 것은 기원전 2세기 무렵이며 철제공구의 사용으로 많은 농기구를 쉽게 만들게 되었고 농업생산력도 증대되었다. 기원전 1세기경에는 철제 따비와 괭이, 쇠낫 등 철제농기구를 이용하고 물을 효과적으로 통제함으로써 논농사가 넓은 평야지와 골짜기로 확대해 나가게 되었다.

4세기경인 삼국시대에는 소를 이용한 논갈이와 밭갈이가 이루어지고 철제기구가 전국적으로 보급되었다. 또한 국가 차원에서 수리시설을 정비하였다. 현재 사적 제111호인 김제 벽골제(碧骨堤)는 한국 최고, 최대의 저수지 둑으로 백제 비류왕 27년(330년)에 쌓았고, 원성왕(790년)때 증축되었다.

대규모의 수리시설 개발과 우경농사가 시작되면서 논농사가 더욱 활발해지고 고려시대에는 산골짜기의 계곡을 따라 논밭을 만드는 등 국가차원에서 토지 개간을 권장하였다. 조선시대의 권농정책은 '나라의 근본이 농업'이라는 점이 강조되어 1429년에 고유의 농업기술을 정리한 첫 농사서인《농사직설》을 비롯하여 유학자들에 의해 다양한 농서가 편찬되었다.

그리고 조선시대는 작물을 경작하는 과정에서도 과학영농기술을 활용하여 각 작물마다 많은 품종을 개발하였고, 종자를 처리하는 기술도 발전시켰다. 기경법, 시비법, 수리기술, 경작방식 등도 지역에 따른 농업환경을 고려하여 개발하였다.

15세기경에 편찬된 것으로 보이는《산가요록》의 '동절양채'편에서는 겨울철에 신선한 채소를 재배하는 방법으로 난방시설을 갖춘 온실을 짓고 재배관리요령에 대해 자세하게 소개하고 있어, 이는 그동안 세계 최초로 인정받았던 1619년 독일의 온실보다 170여 년이나 앞선 조선의 온실농업으로 우리

조상의 지혜로운 농업법에 놀라지 않을 수 없다.

근현대 농경의 모습을 소개하는 전시관에서는 농업의 발전사를 기록과 영상으로 보여주고 그리고 농기구도 진열되어 있다. 1945년 해방 당시엔 전체 인구의 77%가 농업에 종사하였으나 식량이 부족하여 초근목피로 살았던 시절도 있었다. 1960년대 이후 경제가 성장하고 도시가 발전함에 따라 농업인구가 줄었으나 육종을 통한 신품종개발을 통해 통일벼를 생산하게 되고 1977년 이후부터는 쌀보리를 자급자족하게 되었다.

과거에는 인력 중심의 농업이었다면 70년대 이후에는 각종 농기계의 보급과 컴퓨터가 도입되면서 기계농업과 함께 인터넷을 이용한 농산물 판매가 이루어졌다. 또한 유전공학과 바이오산업이 발달하여 종자의 품종개량 등 첨단농업으로 특화농업 분야가 활발해졌다.

2층의 농업생활관은 100여
년 전의 옛 농촌들판 풍경과 농
경민속, 농가주택, 전통장터의
모습을 통하여 농부들의 생활양
식과 농경문화를 엿볼 수 있는
전시장이다. 농촌의 들녘 모습
을 사계절별로 파노라마처럼 꾸
며놓은 초대형 전시시설 앞에서
는 농악소리가 울려나올 듯하고
저 멀리 논둑길에 새참을 이고
오는 아낙네의 목소리가 들리는
듯하다.

농번기에는 일손이 부족하여
제때 모내기를 하지 못하거나
벼를 베지 못하는 경우도 있다.
그래서 협력하여 공동작업을 하
기 위해 마을의 공동조직으로
두레를 만들었다. 주로 두레 회
원은 장정들이었고 이웃끼리 하
는 품앗이에는 여자나 어린아이
도 참여했다.

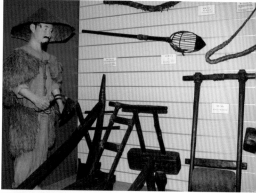

어렸을 때 이웃집과 날짜를
달리하여 모내기를 할 때에 품
앗이로 참여하여 못줄을 잡아주

거나 모판을 나르고 모를 심었다. 거머리가 달라붙지 못하도록 낡은 스타킹을 신고 일해도 악착같이 달라붙는 거머리 때문에 피를 보게 되고 그 자리가 간지러워서 발과 발로 비벼댔던 기억들이 새롭다.

농촌에는 마을 입구나 낮은 동산에 수백 년 된 느티나무가 자리하고 있다. 마을의 수호신 역할을 하는 그 나무에 동제를 지낸다. 마을 주민들의 무병과 풍년을 빌기 위해 드리는 마을 공동제사다. 동제는 대부분 음력 대보름날 지내는데, 한 마을에 사는 사람들을 공동체로 묶는 역할을 한다.

그런데 1970년대 경제개발정책이 서구화를 부르면서 우리의 민속신앙이 미신이라는 부적정인 인식으로 낙인찍히면서 점점 사라지고 공동체가 무너지고 핵가족화 되고 있다. 오늘날 농촌은 인구가 점점 줄어 농사지을 사람조차 부족한 상태에 이르게 되었다.

한국 전통농가의 삶을 모형으로 꾸며놓은 공간에는 안채와 사랑채, 방앗간 등이 있다. 일반적인 농가는 부엌, 안방, 건넌방 등을 갖추고 지붕에 짚이나 새, 띠풀 등으로 만든 이엉을 덮었다. 부엌과 건넌방 사이에 위치한 안방은 안주인을 포함한 가족들의 일상적 거처로 안주인의 바느질, 다듬이질, 옷 감짜기 등 가사노동의 공간으로 이용되었다. 그리고 건넌방은 바깥주인의 차지로 겨울철에는 새끼 꼬기, 가마니 짜기, 자리 짜기, 멍석 엮기 등 가내수공업의 작업장으로 활용되었다.

전통장터 전경은 농업박물관에서 가장 흥미로운 곳이다. 농가에서 생산된 농축산물과 생필품들이 거래되는 곳으로 생선가게, 쌀가게, 옹기그릇, 방자유기, 면직물 판매소, 철물점, 엿장수, 주막집 등등을 둘러볼 수 있다. 오늘날에도 시골에 가면 5일장이 서는데 15세기 후반에 농업이 발달하고 농촌 사회의 분업이 촉진되면서 장이 서게 되었다.

전라, 경상, 충청도 지방에서 먼저 생겼으며 12~16km 간격을 두고 5일마다 열렸다. 고을마다 5~6곳의 장이 다른 날짜에 정기적으로 열렸으므로 각 고을에 장이 서지 않는 날이 거의 없었다. 그래서 이러한 장을 찾아다니며 물건을 파는 사람을 장돌뱅이라고 하였다.

조선시대 농촌경제의 중심이 되었던 장은 물건을 사고파는 곳이기도 했지만, 사람 간에 만나고 지역 간에 정보를 교환하는 문화교류와 사교의 장이기도 했다.

농업박물관 지하 1층에는 농협의 역사와 사업을 소개하고 우리 농업의 우수함과 농업의 중요성을 보여주는 농협 홍보관으로 꾸며져 있다. 1961년 출범한 농협의 발자취를 소개하고 다양한 고품질의 쌀, 세계적인 각광을 받고 있는 김치의 종류, 축산물에 대한 다양한 정보, 기타 세계에 수출되고 있는 농협식품들을 소개하고 있다.

한국의 농업, 나아가 세계의 농업은 인류의 생명을 지키는 산업일 뿐만 아니라, 지구의 환경을 지키는 파수꾼이기도 하다. 농업은 홍수예방, 수질 및 대기 정화, 토양 유실방지 등 다양한 기능을 하고 있다. 인류가 처음 터득한 농업은 마지막까지 인류를 지켜줄 산업이다.

● ● ● **농업박물관 이용 안내**

◆ **휴관일**은 매주 월요일, 1월 1일, 설날 및 추석 당일이며, 하절기는 오전 9시반 ～ 오후 6시까지, 동절기는 오전 9시반 ～ 오후 5시반까지이며 입장료는 무료이다.

◆ **지하철로 오시는 길**은 지하철 5호선 서대문역에서 하차하여 광화문 방향의 농협중앙회 건물과 함께 있다.

◆ 서울 버스 파랑 160, 260, 270, 271, 초록 7019, 빨강 9701, 9709번을 타고 농협중앙회에서 하차

◆ **농업박물관** 주소 : 서울특별시 중구 충정로 1가 75번지

◆ 전화 : **02) 2080-5727~8**, 홈페이지 http://www. agrimuseum.or.kr

선진 한국의
태양이
떠오르는 곳

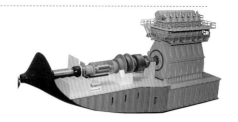

　과거에 거제도하면 포로수용소가 생각났지만, 이제는 세계적인 조선산업의 메카로 알려져 있다. 거제의 대우조선해양은 최근 세계 최대의 컨테이너선인 'MSC 데니트호'를 성공적으로 건조했다. 무려 1만 4천 TEU의 초대형 선박으로 컨테이너박스 1만 4천 개를 실어 나를 수 있는 규모이다.

　삼면이 바다인 우리나라는 해양산업이 일찍이 발달하였으며 이제 선박건조 세계 1위, 선박량 5위에 수산물 생산량 13위로 세계 10위권의 해양강국이다. 그런데도 바다에 대한 우리들의 인식은 그에 미치지 못하고 있다.

　우리 조상들은 어느 시기부터 배를 만들기 시작하고 바다를 개척해 나갔는지 그리고 해양문화는 어떻게 변화해 왔는지를 보여주고 있는 거제조선해양문화관이 거제시 일운면 지세포 해안가에 자리하고 있다. 거제조선해양문화관은 제1관인 어촌민속전시관과 2관인 조선해양전시관으로 구성되어 있다.

　어촌민속전시관은 남해안의 토속문화 및 어촌의 전통문화를 살펴볼 수 있는 전시관이다. 거제시가 2003년 어촌전통, 생활, 부흥, 체험의 바다라는 4가지 테마를 가지고 전시실을 꾸몄으며 방문객과 지역민을 대상으로 각종 교육행사를 추진하고 있다.

전통의 바다 코너는 고대로부터 이어져 온 거제의 역사적 연대표를 전시하고 있고 기복지도와 영상물을 이용하여 거제의 수산업을 한눈에 볼 수 있도록 하고 거제의 전통민요인 '굴 까러 가세'를 비롯하여 사라져 가는 민요를 복원하고 팔랑개어장놀이를 모형으로 보여주는 등 어민들의 전통문화를 체험하는 곳이다.

생활의 바다 코너는 옛 어촌의 유물 및 전통어선의 변천과정 그리고 어촌의 하루를 영상을 통해 관람객들에게 보여준다. 이곳에는 잊혀져가는 어구, 어법, 어촌의 생활모습, 어선의 변천과정과 거제도의 대표 수산물인 굴의 양식과정을 파노라마를 통하여 소개하고 있다.

부흥의 바다 코너는 바닷속에 직접 들어온 듯한 느낌을 준다. 수산물의 어획법을 형상화하여 우리가 흔히 접하는 어구들의 쓰임새와 복어, 게, 조개, 가오리 등 각종 수산물을 소개하고 있고 가상수족관을 통하여 바다의 모습을 간접적으로 체험토록 하고 있다.

3D 입체영상물로 구성된 체험의 바다 코너는 직접 바닷속으로 들어가는 느낌의 영상물로 해저세계를 통한 해양오염의 심각성을 몸소 체험할 수 있게 하고 있다.

조선해양전시관은 2009년 개관하여 선박의 역사, 현재의 기술, 미래의 발전방향 등을 보여주는 과학관으로서 어린이 조선소, 해양학습실, 선박역사관, 조선기술관, 해양미래관 등의 전시실을 갖추고 있다. 또한 국내 유일의 최대 규모 4D 영상탐험관에서는 짜릿한 해저탐험을 체험할 수 있다.

선박역사관에서는 현존하는 최고의 배 파피루스선, 가죽 배 등 사람에 의해 움직였던 선사시대의 배부터 동력으로 움직이고 있는 현대의 배를 통해 인류의 역사와 함께했던 배의 발전사를 살펴볼 수 있다.

조선기술관에서는 조선소의 입지여건, 시설 및 건조방식 등을 쉽게 이해할 수 있도록 꾸며 놓았고, 선박의 설계부터 진수까지의 전과정을 영상과 모형을 통해 한눈에 볼 수 있도록 마련하여 해양강국으로 나아가는 첨단 기술인 조선산업을 재조명하였다.

해양미래관은 미래해양도시, 해양탐사기지 건설, 해양구조물을 통한 해양공간 이용 및 해양자원개발 등 미래의 성장동력 근원지, 해양의 무한한 가치를 개발하여 우리나라 해양산업의 미래상을 제시하고 있다.

바다를 무대로 어부들이 삶을 개척해 나가기 위해서는 무엇보다 배를 만드는 일일 것이다. 신석기시대 유적인 함경북도 서포항 패총에서 고래 뼈로 만든 노가 나오고 청동기시대 울주 반구대 암각화 그리고 초기 철기 및 원삼국시대 패총 유적에서도 어로 활동에 배가 이용되었음을 증명하고 있다.

인류 초기의 배들은 통나무를 여러 개 엮어서 만든 뗏목이거나 통나무 속을 파서 만든 통나무쪽배가 전부였을 것이다. 경상남도 창녕군 부곡면 비봉리의 신석기시대 유적지에서 2005년도에 기원전 6,000년경에 만들어진 것으로 보이는 배가 발견되면서 전 세계 선박의 역사를 새로 쓰게 함으로써 우리나라 조선강국의 역사적인 저력을 다시 한 번 증명해주게 되었다.

인류 초기의 배는 사람의 힘으로 노를 저어서 움직이는 노도선이었다. 노접이를 이용하여 배를 움직이던 고대 이집트인들은 자연의 힘을 이용하는 방법으로 돛을 발명하였다. 뱃머리에 종려나무 이파리를 세우는 것에서 출발한 돛은 기원전 3,500년경이 되면서 돛대를 갖춘 형태의 돛으로 발전하였다.

이러한 돛의 발명은 원거리 무역을 통해 여러 민족간에 문화교류를 할 수 있는 계기가 되었다. 커다란 돛을 이용하여 바람의 힘으로 움직이는 범선은 먼 거리의 항해를 통해 신대륙을 발견하기도 했다.

돛대가 두 개인 쌍돛대를 가진 쾌속정이 출현하였고, 654년 로도스 섬 인근에서 이전에는 볼 수 없었던 배가 등장하였다. 삼각형의 쌍돛대를 가진 아

랍제국의 다우선이었다. 다우선은 640년부터 건조되기 시작하여 아랍세계가 서양세계를 침공할 때 사용되었다.

우리의 전통선박인 한선(韓船)은 우리나라 해안의 지리적, 지형적 조건에 맞게 독자적으로 발전되어 온 것으로 그 만듦새가 중국이나 서양의 배모양과 다르다. 서해를 중심으로 해상활동이 이루어진 역사에 따라 배 역시 서해안에서 항해하기에 적합한 형태로 발전하였다. 한선의 기본 선형 중 가장 독특한 것은 간조 때 갯벌에 편하게 내려앉을 수 있도록 배 밑을 널빤지 즉 상판을 겹으로 이어가며 만들어 평평하면서도 뭉특한 사각모양이다.

1984년 전남 완도군 약산면 어두리 어두지 섬 앞바다에서 한 척의 침몰선이 발견되었다. 함께 발견된 3만점의 도자기를 분석한 결과 이 배는 11세기경에 만들어진 배로 한선이었다. 이후 완도선이라 불리게 되었는데 아시아권에서 발견된 구조선 중에서 가장 오래된 배로 구조가 고려시대에 완성된 배였다.

보물을 싣고 가다 침몰했던 완도선처럼 베네치아 공화국의 부친토리라는 배가 있다. 11세기 초 지중해를 장악했던 베네치아에서는 도시와 바다의 상징적 결속을 의미하는 축제인 스포설라치오 델 마래가 거행되었다. 이 축제의 하이라이트는 베네치아 공화국 원수가 바다의 신과 혼인을 하는 의식이

었는데, 이 때 예물로 사용한 배가 부친토리선이다.

황금 띠로 장식한 배를 뜻하는 이탈리아어인 '부친토로'에서 유래한 이 배는 초호화 갤리선으로 모두 4차례 만들어졌으며 170명의 노접이에 의해 움직이는 의식용 갤리선이다.

서양의 산업혁명 이후에는 증기기관을 이용한 배들이 발명되면서 인류의 배 역시 급속도로 발전하기 시작하였다. 두 차례 서양의 침입을 받은 조선은 서양인이 타고 온 증기선에 관심을 가졌다. 조선 정부는 개화를 추진하면서 기선을 도입하였고 그 결과 남승호가 국내에 도입되었다. 그러나 이 남승호는 외국인 소유의 배였기에 국내 최초의 기선으로 보기는 어렵다. 1886년 일본과 미국의 차관으로 235톤 규모의 기선을 조선정부에서 구입하였는데 이

해룡호를 우리나라 최초의 기선으로 볼 수 있으며 적재량은 쌀 2천 400석이었으며 조곡 운송이나 세관 순시선으로 사용되었다.

일제 강제병합 이후 서양식 조선업이 국내에 도입되었다. 부산 영도에 근대적 의미의 조선소가 건설된 후 시작된 한국의 조선산업은 일본 제국주의의 한반도 병참기지화 정책으로 본격화되었다. 또한 광복 이후에도 정부의 정책적인 지원과 대기업들의 참여를 통해 조선업은 커다란 성장을 이루게 되었다.

1973년 현대중공업을 시작으로 삼성중공업, 대우중공업 등이 1970년대 창립되면서 한국의 조선업은 오늘날 세계 제일의 강국으로 성장할 수 있었다. 특히 배를 건조할 때의 기술 가운데 용접은 가장 중요한데 우리나라의 용접기술이 세계적이다. 배의 몸체 건조에서 각 부재를 이어붙이는 용접과 자동화 공법을 통하여 조립장에서 소조립, 중조립, 대조립 과정을 거쳐 하나의 배가 완성된다.

천혜의 자연조건과 기술력을 가지고 세계 최대의 선박을 건조하고 있는 거제조선소와 거제 조선해양문화관은 국제적인 관광지로 발돋움하리라 본다. 이제 해양은 우리나라 미래산업의 보고이다. 얼마만큼 해양개척에 투자하느냐가 미래발전의 희망이 될 것이다.

우리의 조상들이 밀물과 썰물 때를 맞추어 조개를 잡고 연근해 어업과 굴 양식 등을 추진해 왔지만 이제는 해양도시를 건설하고 바다목장을 만들고 무궁무진한 바닷속의 광물자원 개발에도 노력하고 있다.

엘빈 토플러는 "해양개발은 제3의 물결을 주도할 4대 핵심산업 중의 하나"라고 분석했다. 우리의 소중한 전통해양문화를 간직하고 조선산업과 해양산업을 더욱 발전시켜 나간다면 21세기 선진한국의 태양은 바다로부터 떠오를 것이다.

●●● 조선해양문화관 이용 안내

◆ **휴관일**은 없으며 관람시간은 3월부터 10월까지는 오후 9시~오후 6시까지이며 11월부터 2월까지는 오후 5시까지이다.

◆ **입장료**는 어른 3,000원, 청소년 2,000원, 어린이 1,000원이며 단체는 할인되며 영상탐험관 이용료는 1인당 2,000원이다.

◆ **서울방향에서 오시는 길**은 대전통영간 고속도로를 이용 통영-장승포-국도 14호선을 따라 일운면 지세포 앞바다까지 오시면 된다.

◆ **현지**에서는 고현시내버스 터미널에서 해금강, 학동, 구조라 방면 버스 승차하여 일운면 SK주유소 앞에서 내린 후 도보로 3분쯤 소요된다.

◆ **거제해양문화관** 주소 : 경상남도 거제시 일운면 지세포 해안로 316

◆ 전화 : **055)639-8270, 8271**, 홈페이지 http://www.geojemarine.or.kr

에디손의
께2의
고향을 만든 곳

프랑스의 대표적인 조형물인 에펠탑은 1889년에 프랑스의 교량기술자 에펠이 세웠고 조명시설은 미국인인 에디슨이 발명한 필라멘트 전구로 꾸몄다. 세느강에서 밤 유람선을 타고 되돌아 오면 에펠탑의 모든 조명이 화려한 광채를 내며 진가를 발휘한다. 또한 에펠탑 꼭대기에 올라가면 에펠과 에디슨이 담소를 나누는 모습이 밀랍인형으로 만들어져 있다.

에디슨은 일생 동안 1,093건의 발명과 특허를 가지고 있는 인물이다. 그중 가장 위대한 발명품을 꼽는다면, 말하는 기계 축음기와 인류를 빛의 왕국으로 이끈 전구, 그리고 20세기 영화산업의 부흥을 일으켰던 영사기라고 할 수 있다. 또한 에디슨은 자신의 가족들이 편리하게 사용할 수 있도록 수많은 주방용품과 가전제품을 만들었는데 오늘날 우리가 사용하고 있는 대부분의 제품과 기능이 거의 같다는 사실에 놀라지 않을 수 없다.

에디슨이 직접 만든 유물들을 볼 수 있는 박물관이 강원도 강릉의 경포호반이 바라다 보이는 곳에 위치해 있다. 바로 참소리축음기에디슨과학박물관은 미국이 에디슨의 출생지이자 발명의 고향이지만 한국은 그의 영혼과 기술이 담긴 수많은 발명품을 몽땅 옮겨온 제2의 고향이 아니겠는가. 정부차원에서도 할 수 없는 이러한 일을 감히 한 개인이 이뤄낸 것이다.

칠순에 접어든 손성목 관장은 50여 년 전부터 축음기를 비롯하여 에디슨의 발명품이 있는 곳이라면 세계 어디든 달려가 기필코 구입하는 수집광으로 살아왔다. 그가 60여 개국의 경매장을 다니며 경쟁을 물리치고 물건을 구입하여 국내에 들여오면 세관에서는 밀매꾼으로 몰거나 세금폭탄으로 참을 수 없는 분노를 느끼게 하기도 했다고 한다.

에디슨이 두 개의 책상을 가지고 있었는데 하나는 발명을 위한 책상이요, 하나는 발명공장 운영자로서의 책상이었다고 한다. 이와 마찬가지로 손 관장에게도 두 개의 책상이 있다. 하나는 수집을 위한 책상으로 정보와 공부에 매진하기 위해 있고, 또 하나는 박물관 운영의 책상으로 어떻게 하면 수집품들을 잘 보존하고 후세를 위해 교육의 장으로 활용할 수 있는가를 고민하는 장소라고 한다.

박물관은 참소리축음기박물관과 에디슨과학박물관으로 구분된 두 개의 건물이 이어져 있다. 먼저 참소리축음기박물관의 제1전시관은 축음기가 발명되기 전, 1796년 스위스에서 처음 만들어지기 시작하여 1800년대에 유럽 여러 나라에서 생산되었던 뮤직박스와 써커스오르간 등 20여 종이 전시되어 있고

각종 아름다운 모형의 나팔축음기를 비롯해서 포터블축음기, 어린이축음기 등 250여 점이 전시되어 있다.

에디슨은 열다섯 살 때 우연히 기차에 치일 뻔한 역장의 아들을 구해준 덕으로 전신기사로 취업을 하게 되었는데 얼마 안 돼 그만 두고 발명가의 꿈을 키우기로 작정하였다. 22살의 나이에 첫 발명품으로 전기식 투표기록기를 만들었다. 의회에서 의원들이 버튼만 누르면 찬성과 반대표를 자동으로 집계하는 장치였는데 별로 인기가 없었다. 그 후 그는 미국의 남북전쟁이 끝나고 월 스트리스에서 투기 붐이 일었을 때 주식시세표시기, 자동전신기, 인쇄전신기 등을 발명하여 20대에 발명공장을 세울만한 돈을 거머쥐었다.

1877년에는 세계 최초의 축음기 '틴포일'을 발명하였다. 에디슨이 처음으로 발명한 축음기는 레코드가 원통형이었다. 작은 회전 원통과 두 개의 진동판으로 이루어진 축음기에 대고 에디슨이 노래를 부르고 난 후 되감아 다시 돌리자 그 목소리가 그대로 흘러나왔다. 이를 두고 구경꾼들은 복화술을 써서 사람을 속인다고 비난했으나, 독일 비스마르크 수상도 자기 연설을 축음기에 담았고, 영국의 시인 테니슨은 녹음중 '앗! 잘못했는데'라는 소리까지 녹음되어 대중들에게 웃음거리가 되었다고 한다.

1911년 제작된 축음기 중 에디슨 스탠다드 포노그래프는 2분용과 4분용의 녹음 원통형 실린더가 작동되며 큰 나팔을 지탱시키기 위한 받침대가 몸체 앞에 부착되어 있고 푸른색과 붉은색 꽃무늬로 장식된 나팔과 오래된 참나무로 된 몸체가 아름답다.

축음기박물관에서 볼 수 있는 특색 있는 장면은 나팔에 귀를 기울이고 있

는 개의 모습이다. 이 모형은 영국 빅터 레코드사의 심벌마크로 이 그림을 그린 영국의 유명한 화가 프랜시스 배로우드는 1899년 에디슨의 축음기를 만들어 판매하고 있는 회사로부터 광고용 포스터를 의뢰받고 그림을 그렸지만 퇴짜를 맞았다고 한다. 이에 화가 난 프랜시스는 당시 에디슨 축음기 회사와 라이벌 관계였던 베를리너 축음기 회사를 찾아가 상표의 그림을 그려 주었다고 한다.

이 개의 이름은 니퍼로 본래 프랜시스의 형 마크가 기르던 애견으로 형이 죽고 나서 프랜시스가 대신 돌보다가 축음기 앞에 측은하게 앉아 있는 모습을 '주인의 목소리(His Master's Voice)'라는 제목으로 그린 것이라고 한다. 참소리축음기박물관의 마스코트로 사용하고 있는 의미도 니퍼가 주인의 죽음을 슬퍼하며 주인과 함께 평소 음악을 듣던 축음기 앞에서 떠날 줄 모르는 모습이 마음에 와 닿았기 때문이라고 한다.

제2전시관에서는 더욱 발전한 축음기를 만날 수 있다. 축음기가 소리를 듣는 단순한 오락기기에서 발전하여 각 가정의 장식품으로 자리매김하던 1920~1930년대에 제작된 캐비닛형 내장형축음기로 전 세계 15개국에서 제작한 150여 종류의 축음기가 전시되어 있다.

특히 아메리칸 포노그래프는 12개의 4분용 원통형 왁스 실린더가 내장되어 있어 살롱같은 상업적인 장소에서 동전을 넣고 음악을 선곡하여 감상을 할 수 있게 만든 축음기이다.

1925년에 미국 빅터 록킹 머신사에서 제작한 '크레덴자'는 미국 최후의 걸작품이다. 이탈리아 르네상스 양식의 캐비닛이며 혼을 통하여 들리는 음악 소리가 너무도 생생하다. 그리고 사우디아라비아의 왕실에서 들여온 영국제 'EMG'는 당시 3개밖에 만들지 않은 수공품이다. 흑단나무상자로 싸여 있는 이 기계의 음색은 최고라고 한다.

　에디슨이 1889년에 밤잠을 설쳐가며 만들어낸 두 번째 작품 '에디슨 클라스 엠'은 재생기능을 가진 최초의 밀랍관 축음기이다. 직류모터를 사용하는데 3.6V건전지를 부착하고 있다. 레코드는 원통형이고 스피커는 금색 청동으로 만들어졌다.

　1956년 미국 일렉트로 보이스사에서 제작한 '파트리션 스피커'는 최초의 음향재생기기이다. 음악세계에서는 유일무이한 것이다. 드라이버콤포넌트와 정교한 내부음량조직이 특징적인 멀티크로스오버 방식을 채택하여 최대한 음을 선명하게 발산한다. 앰프의 출력은 20W만으로도 충분하고 그 크기가 150㎝는 되어보이는 웅장한 스피커이다.

　제3전시관에서는 1952년부터 1980년대까지 세계 각국에서 생산된 다양한 라디오와 TV를 볼 수 있다. 1925년에 영국에서 세계 최초로 제작된 베어드 30라인TV는 현재 세계에 2대가 남아있다. 영국 과학박물관과 이곳이다. 당

시 전기망원경이라 불렸던 이 TV는 나선
모양으로 된 30개의 홈이 파인 회전 디스
크에서 영상을 기계적으로 만들 수 있게
했으며 회전 디스크의 작동은 다른 송신기
로 음성과 화면을 일치하게 하고 오른쪽
끝에 있는 렌즈를 통해 영상을 보여주도록
만들어졌다.

이 전시관에서는 미국, 러시아, 일본 등
의 최근의 라디오를 비롯하여 우리나라 최
초의 라디오인 1960년대의 금성라디오도
볼 수 있다.

에디슨과학박물관은 두 개의 전시관으
로 구분되며 제1전시관은 에디슨의 3대발
명품인 전구, 축음기, 영사기 등이 전시되
어 있다. 최초의 축음기인 '틴포일'로부터
에디슨 축음기회사의 대표적인 축음기인
'엠베롤라', '오페라' 다이아몬드 디스크 등
수백 종의 각종 에디슨 축음기와 에디슨
최초의 탄소전구를 비롯하여 에디슨 전기
회사에서 생산된 각종 형태의 전구가 백년
이 지난 현재까지도 빛을 내고 있다.

에디슨이 1879년 40시간 이상 계속 빛을
발할 수 있는 전구를 만들기까지 가장 어
려웠던 것은 필라멘트였다. 여러 가지 재

료로 실험을 해보았는데 대나무가 가장 적당하다는 것을 알고 10년간 대나무를 필라멘트의 재료로 사용했다고 한다.

또한 에디슨 최초의 영사기를 비롯하여 다양한 영사기와 에디슨 전기회사의 대표적 생산품인 '다이나모발전 전기, 배터리' 등이 전시되어 있다. 특히 1913년 에디슨에 의해 발명된 세계 최초의 전기자동차도 전시되어 있다.

제2전시관에는 에디슨이 생전에 발명하거나 개발한 각종 생활용품 및 가전제품, 주방기기 등이 전시되어 있다. 대표적인 전시품으로는 일렉트릭팬, 등사기, 전화기, 커피포트, 인형, 타자기, 재봉틀, 난로, 프로펠러가 3개 달린 선풍기부터 다양한 선풍기, 다리미, 온풍기, 세탁기와 냉장고, 시계, 토스터기, 전기오븐기, 와플기, 히이터, 헤어 컬링기, 배터리, 손전등, 전압테스터기, 헬멧, 복사기, 녹음기 등등 이루 헤아릴 수가 없을 정도이다.

이외에도 에디슨과학박물관에는 에디슨이 초년병 의사에게 보낸 편지, 만년필, 필적 등 에디슨의 삶과 발명품을 한 눈에 다 볼 수 있는 흔적들이 공간이 좁을 정도로 진열되어 있다.

에디슨이 전구를 발명하기 위해 9,999번 실험을 했으나, 잘 되지 않자 친구가 실패를 1만 번째 되풀이 할 셈이냐고 묻자, 에디슨은 실패한 게 아니라 다만, 전구가 만들어지지 않는 이치를 9,999가지 발견했을 뿐이라고 대답했다는 그의 집념이 전율로 다가온다.

● ● ●　**참소리축음기에디슨과학박물관 이용 안내**

◆ **연중무휴**이며, 하절기는 오전 9시 ~ 오후 6시까지 입장, 동절기는 오후 5시반까지 입장 가능하며 입장료는 일반 7,000원, 중고생 6,000원, 어린이 5,000원이며 단체 30인 이상은 할인된다.
◆ **서울방향에서 오시려면** 영동고속도로→강릉IC→강릉 시청 앞→경포방향→경포대 사거리에서 3km 직진 후 좌측에 위치해 있다.
◆ **용평방향에서 오시려면** 용평리조트→횡계IC→강릉 시청 앞→경포방향→경포대 사거리→ 3km 직진 후 좌측에 위치해 있다.
◆ **참소리축음기에디슨과학박물관** 주소 : 강원도 강릉시 저동 36번지
◆ 전화 : **033) 655-1130~2,** 홈페이지 : http://www. edison.kr

한국의 특수박물관
대구방짜
유기박물관

조선시대
그릇문화의
대표적 산물

어렸을 때 제삿날이 돌아오면 어머님은 부엌에서 퍼온 잿가루를 촉촉한 지푸라기 뭉치에 묻혀 열심히 놋그릇을 닦으셨다. 그러면 푸르스름했던 녹이 싹 지워지고 황금빛깔로 반짝거린다. 제사상에 오르는 놋그릇은 어머님의 정성으로 항상 윤기가 흘렀다.

그러한 놋그릇을 비롯해 수많은 방짜유기를 볼 수 있고 만드는 과정을 재현해 놓은 박물관이 있다. 2007년 5월 전국 유일의 방짜유기박물관이 대구 팔공산 동화사 가는 길목에 건립되었다. 중요무형문화재 제77호 방짜유기장 이봉주 선생이 고향인 대구에 평생의 소원이었던 박물관을 건립하였다.

우리가 흔히 두들겨서 만든 유기를 방짜라고 하는데 본래의 뜻은 구리와 주석의 합금을 말하는 것이다. 방짜놋쇠는 다른 합금물질과는 달리 두들기면 백지장처럼 얇게 늘어나는 성질이 있어 여러 가지 형태의 생활용구를 만들어 쓰기에 매우 편리하다.

우리나라에서는 청동기시대부터 제조기술이 활용되었다. 그 당시에 사용했던 비파형동검과 세문경 등이 출토됨으로써 당시에 검이나 거울, 방울, 의식구 등 각종 생활도구를 만들어 사용했음을 알 수 있다.

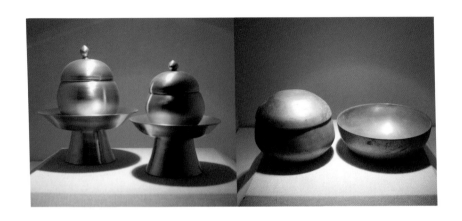

　철기시대에는 철기와 공존되다가 사라지게 되고 삼국시대에 다시 발달하였다. 백제의 경우는 일본에 제련 및 세공기술을 전해주었음이 《일본서기》에 기록되어 있다. 신라 무령왕릉의 왕비 머리부분에서 출토된 금동제 대발은 청동으로 제작한 그릇이다. 《삼국사기》에 의하면, 신라 경덕왕(742~765년) 이전부터 철유전이라는 기관을 두고 철과 유석을 관장하였던 것을 알 수 있다.

　삼국시대와 통일신라시대 때는 금속의 재료와 기술면에서 큰 발전을 가져왔으며 당시의 뛰어난 제조기술의 면모를 볼 수 있는 유물로는 백률사 약사여래상, 상원사 동종(725년), 성덕대왕 신종(771년) 등 불교미술품들이 있다.

　고려시대에는 빛깔이 고운 고려동을 생산하여 중국과 교역을 하였다. 그리고 왕족과 귀족층은 방자기법으로 제작한 얇고 질긴 청동그릇을 식기로 사용하였다.

　조선시대엔 국가에서 채굴에 힘썼고, 《경국대전》에 의하면 유기를 만드는 유기장을 공조에 8명, 상의원에 4명을 두었으며 지방관아에도 상당수 배치하였다. 유기가 발달했던 지역은 평안북도 정주의 납청, 안성, 경주, 봉화, 충주, 운봉, 익산, 순천 등이다. 당시에는 숭유억불정책으로 불교용품보다는 일상생활에서 사용했던 소박한 생활도구들이 제작되었다. 조선시대에는 사기그릇도 널리 사용되었지만 깨질 염려가 없이 오래 대물림하면서 사용할 수 있는 놋쇠그릇이 그릇문화의 대표격이었다.

일제시대에는 일본이 전쟁물자로 쓰기 위해 전국의 놋그릇을 강제로 징발하여 씨를 말렸다. 놋그릇을 만드는 놋갓장이들은 산 속으로 숨어들어가 그 명맥을 유지해 왔으나 6 · 25전쟁 이후에는 아예 연료정책이 바뀌면서 우리 고유의 민속유기는 자취를 감추게 되었다. 연탄을 사용하면서 연탄가스에 변색되기 쉬운 놋그릇 대신 스테인리스 그릇이 등장하였다.

유기는 방짜유기와 주물유기 그리고 반방짜유기로 구분된다. 첫째, 방짜유기란 구리와 주석을 정확하게 78:22 비율로 녹여 만든 놋쇠덩어리를 불에 달구어가며 망치로 두드려서 형태를 만든 유기를 말한다. 구리와 주석의 합금 비율이 달라지면 두드리는 과정에서 놋쇠덩어리가 깨져버린다. 방짜유기는 휘거나 잘 깨지지 않으며 망치자국이 그대로 남아있어 장인의 정성을 느

낄 수 있다.

둘째, 주물유기는 구리와 주석을 함께 녹인 쇳물을 일정한 틀에 부어 주조하는데 합금이 자유롭고 규격과 모양이 같은 제품을 다량으로 생산할 수 있는 장점이 있다. 금속의 성분 배합에 따라 품질과 색상이 뚜렷하게 구별되고 섬세하고 아름다운 다양한 형태의 제품을 생산할 수 있다.

셋째, 반방짜유기는 주물유기에 방짜유기 제작방법을 절충한 제작기법이다. 먼저 주물유기 기법으로 반제품 형태에 가까운 제품을 만든 후 불에 달구어 가면서 오목하게 판 곱돌 위에 놓고 '궁구름대'라는 공구로 유기의 끝부분을 오목하게 만드는 방법이다.

방짜유기의 제작과정을 살펴보면, 구리와 주석을 일정한 비율로 섞은 합금을 원형물판에 부어 금속괴(일명 바둑)를 만들고 다시 불에 달군 금속괴를 11명이 1조가 되어 망치질을 되풀이해가며 얇게 늘려 형태를 잡아가게 된다.

① 용해 및 바둑만들기 : 방짜유기 제작에 기본인 놋쇠 괴(塊)를 똑같은 용량으로 여러 개를 만드는 주조과정으로 합금→ 용해→ 용탕붓기 순서로 진행한다. ② 네핌질 : 바둑을 가열해 늘이는 작업을 반복하고 칼로 가장자리를 정리하는 과정이다. 작업은 망치의 일종인 모루를 가지고 형태를 만들어 간

다. ③ 우김질 : 네핌질이 끝난 바둑에 가열과 메질을 반복해서 한꺼번에 여러 개의 형태를 만들어가는 과정이다. 반복과정에서 같은 크기로 늘어난 기형을 10개 정도 겹치게 하는데 이를 우김질이라고 한다. ④ 냄질 : 우김질한 바둑을 U자형의 그릇모양으로 겹치게 하는데 이것을 하나씩 떼어내는 작업을 냄질이라고 하며 떨어진 각각을 우개리라고 부른다. ⑤ 닥침질 : 냄질이 끝난 우개리를 불에 달구어 형태를 바로잡는 작업으로 6명이 닥침망치를 이용하여 같은 동작으로 서로 잡아 닥치며 바닥을 문지른다. ⑥ 제질 및 담금질 : 닥침질이 끝난 기형을 불에 달구어 가면서 형태를 완성하는 과정을 말한다. 가열한 놋쇠의 강약 질을 잡아 강도를 높여주기 위한 작업을 담금질이라 한다. ⑦ 벼름질 : 담금질한 물건을 찬물에 넣는 순간 일그러지게 되므로 원래의 형태대로 잘 잡아주는 작업을 말한다. ⑧ 가질 : 완성한 물건의 산화피막을 제거하고 표면의 멧자국도 없애 놋쇠 본연의 색깔이 잘 드러나 광택

이 나게끔 하는 과정을 마치면 하나의 완성품이 탄생하게 된다.

이러한 과정으로 방짜유기가 만들어지는 재현실을 비롯하여 유물들을 살펴볼 수 있는 방짜유기박물관에 들어서면 커다란 징이 먼저 반긴다. 이봉주 선생이 1993년부터 2년에 걸쳐 제작한 징으로 지름이 161㎝, 무게가 98㎏에 이르는 굉장한 징이다. 징은 하나의 놋쇠덩어리를 두드려서 얇게 펴가며 제작하는데 고르고 좋은 소리를 낼 수 있도록 다듬어 나가는 고도의 기술력을 필요로 한다. 그러한 징의 웅장한 울림과 여운의 긴 소리가 가슴에 와 닿는다.

박물관은 유기문화실, 기증실, 재현실로 구성되어 있다. 유기문화실은 유기에 대한 전반적인 이해를 돕도록 꾸며진 전시실로 유기의 역사, 종류, 제작과정 등에 대하여 전시물과 영상물을 통해 체계적으로 이해할 수 있도록 구성되어 있다.

또 유기문화실에서는 유기의 효능에 관한 각종 실험 결과를 보여주는데, 방짜유기는 병원성 대장균 O-157 살균기능, 농약 검출기능 등 그 효능으로 인해 최근 더 주목받고 있다. 그래서 옛날부터 면역성이 약해지는 어르신들은 놋쇠로 만든 식기와 수저, 젓가락을 사용했다. 지금도 여름의 별미인 냉면의 육수 속에 놋쇠를 넣어 식중독을 예방한다는 이야기를 들은 적이 있다.

이 전시실에서는 방짜기법으로 만든 악기들의 소리를 직접 들어볼 수 있도록 꾸며져 있어 관람객들에게 인기가 많다.

기증실은 이봉주 선생이 제작한 작품들 중에

서 특히 예술적 가치가 높은 소장품들을 선별하여 전시하고 있다. 반상차림, 제례상차림, 종교용구류 등에서 발산되는 황금빛깔의 화려하고 정교한 솜씨가 과연 사람의 손으로

빚어진 것인가 의심스러울 정도다.

원래 서양인들은 황금 다음으로 놋쇠를 귀한 금속으로 여겼다. 그래서 놋쇠로 만든 눈부신 침대에서 자보고 싶고 집안에는 놋쇠로 만든 동물모양의 장식품들을 진열하는 것을 좋아했다.

재현실은 방짜유기로 유명했던 1930년대 평안북도 정주군 납청마을의 방짜유기공방과 놋점 모습을 인물모형들로 재현해 보여주고 있다. 당시에 전통적으로 방짜유기를 어떻게 제작했는지, 그리고 유기를 파는 상점의 모습들을 꾸며 유기에 대한 이해를 돕고 있다.

　박물관 내부에는 체험교육장을 비롯하여 야외공연장도 갖추고 있어 정기적인 문화행사가 다채롭게 펼쳐지고 있다.

　과거 청동기시대부터 놋쇠를 이용해왔던 선조들의 지혜가 역사 속에서 사라지고 있지만, 방짜유기 경험 세대들에게는 추억의 장소이고 젊은 세대들에게는 우리 선조들이 요즈음의 플라스틱이 아닌 저리도 아름다운 황금빛 생활용품들을 사용했었다는데 놀라움을 줄 수 있는 교육의 장이 될 것이다.

● ● ●　**대구방짜유기박물관 이용 안내**

◆ **연중 무휴**이며 휴관일은 매주 월요일과 1월 1일, 설날 · 추석 당일이다.
◆ **입장료**는 무료이며 개관시간은 오전 10시 ～ 오후 7시까지이며 11월부터 3월까지는
　오후 6시까지 개관한다.
◆ 박물관을 찾아오는 길은 대구지하철 1호선 아양교역(2번출구)에서 하차하여 급행 1번 버스 이용
　– **버스**는 급행 1번, 팔공1(동화사 방면)이용
　– **고속도로 이용시** 경부고속도로 팔공산IC 빠져나와 우회전 후 직진→ 팔공산 백안삼거리→
　동화사 방면 좌회전→ 1㎞ 직진 후 우회전
◆ 방짜유기박물관 주소 : 대구광역시 동구 도장길 29
◆ 전화 : **053)606-6171～4**, 홈페이지 http://artcenter.daegu.go.kr/bangjja

한국의 특수박물관

안동소주 · 전통음식 박물관

유교문화를
대변하는
술과 음식

2010년 말 우리나라 성인 1인당 술 소비량을 보면 소주 67병, 맥주 101병, 막걸리 14병이다. 술 소비량도 세계적이지만 간암 사망률도 단연 앞선다. 왜 이렇게 술을 무서워하지 않고 술 권하는 사회가 되었는지 모르겠다.

그러나 우리의 선조들은 술을 조상에게 바치는 제례의식이나 관혼상제의 음식으로 사용했고, 양반들은 풍류와 해학을 즐기기 위한 건전한 술문화를 이어왔었다. 조선시대만 해도 소학(小學)을 통해 술 마시는 예절을 가르칠 정도로 술문화가 절제되었었다.

금년 5월 1일 미국의 워싱턴포스트 신문은 "서울의 밤샘 폭음"이라는 제목으로 한국에서는 술자리가 3차까지 이어지고 날이 새는 새벽이 다 되어도 오늘밤이라고 한다면서 새벽 포장마차의 진풍경을 소개했다.

철학자 아우구스티누스는 "술은 사람을 매료시키는 악마이고, 달콤한 독약이며, 기분 좋은 죄악이다"라고 했다. 지나치면 해롭다는 술에 대한 경고의 말이다.

우리나라는 지역별로 특색 있는 전통주를 담아온 역사가 오래되었다. 특히

선비의 고장으로 알려진 안동에서는 '봉제사접빈객(奉祭祀接賓客)'이라 하여 조상에게 정성스레 제사를 지내고 손님에게는 극진히 대접하는 문화가 유교적 생활의 실천 덕목이었다. 그러다 보니 지역 특성에 맞는 술과 음식문화가 일찍이 발달하였다.

전통 민속주인 안동소주는 알코올 도수가 45도나 되는 순곡주로 만든 명주다. 안동소주를 재현하게 된 조옥화 할머니는 현재 89세로 안동시의 부농으로 태어나 1910년 한일합방 이후 일제의 가양주 제조 금지령이 내려진 후로 몰래 집안에서 할머니와 어머니가 안동소주를 담그는 법을 어렴풋이나마 알게 되었다고 한다.

60~70년대까지만 해도 가난했던 보릿고개 시절이라 술을 함부로 빚을 수 없다가 1983년 문화공보부 문화재관리국이 전국의 민가에서 전통적으로 담그는 민속주에 대한 조사를 실시하였다. 이에 조선시대까지만 해도 안동의 전통민속주였던 안동소주를 추천하게 되었다. 정부가 13종류의 민속주 육성에 나서면서 조옥화 할머니가 안동소주 제조자로서 경상북도 무형문화재 제12호로 지정받게 되었다. 기능보유자로 지정된 조옥화 할머니는 1990년 국세청으로부터 민속주 제조면허를 취득하고, 1993년 8월 안동시 수상동의 1,800여 평의 부지에 공장을 지어 현재 일일 1,200여 병을 생산하고 있다. 안동소주·음식박물관은 바로 공장부지에 위치하고 있어 관람객들은 박물관 구경뿐만 아니라 안동소주가 어떻게 만들어지는지 공장 내부를 구경할 수 있다.

본래 증류수인 안동소주는 신라시대부터 그 기원을 잡고 있다. 증류기술은 아랍지역의 연금술사들에 의해서 발명되었는데, 당시 신라는 아랍과 활발한 중개무역을 벌여왔다. 신라 괘릉의 이국적 용모를 한 무인상이 말해주고 있고 출토된 페르시아 유리잔과 함께 증류주의 제조법이 전래되어 왔다.

또한 중국은 당나라 때부터 증류식 술을 마셔왔다고 하는데, 신라와 당과의 밀접한 관계를 통해 증류식 술을 신라시대부터 마셔왔다는 것을 알 수 있다. 우리나라에서 소주를 칭하는 명칭은 밑술을 증류하여 이슬처럼 받아내는 술이라 해서 노주(露酒), 불을 이용한다고 하여 화주(火酒), 또는 한주(汗酒), 기주(氣酒)라고도 했다. 소주는 처음에 약용으로 마시거나 왕이나 사대부들이 마셨던 것이 점차 서민들에게 보급되어 각 가정에서 빚어 마시게 되었다.

　1919년에 평양에 알코올식 기계 소주공장이 세워지고 이어 인천, 부산에서도 누룩을 이용한 흑국소주가 생산되었다. 이후 1965년 정부가 식량정책의 일환으로 곡류의 사용이 금지됨에 따라 고유의 증류식 순곡주는 자취를 감추고 오늘날 희석식 소주가 나타나게 되었다.

　그러나 웰빙 붐을 타고 오늘날에는 화학식 술보다는 막걸리 등 전통민속

주의 소비량이 점차적으로 늘어나고 있다.

안동소주 역시 매년 판매량이 늘어나고 있다. 안동소주는 독하지만 뒤끝이 깨끗하고 맛과 향이 탁월하다는 장점을 가지고 있어 젊은 층에게도 인기가 있다. 특히 객지에 사는 안동사람들은 고향 홍보상품으로 으레 고향을 찾으면 몇 병씩 사가거나 선물한다.

이러한 안동소주의 제조과정을 박물관에서 상세히 살펴볼 수 있다. 먼저 누룩을 만들어야 한다. 생밀을 씻어 말린 다음 적당히 분쇄한 밀에 물을 붓고 손으로 버무려 골고루 혼합한다. 그리고 원형을 누룩 틀을 사용하여 넓적한 누룩덩어리를 만들어 20일 정도 띄운 다음 분쇄하여 건조시켜서 곡자 냄새가 나지 않도록 하룻밤 이슬을 맞힌다.

그 다음으로 고두밥을 만드는 일인데 쌀을 잘 씻어서 물에 불린 후 시루에 찐다. 완전히 쪄진 고두밥을 멍석에서 식힌다. 식힌 고두밥과 분쇄된 누룩을 적당량 물을 부어가면서 버무린다. 그리고 술독에 넣어 15일 이상 자연 숙성시킨다. 숙성이 끝난 술독을 열어보면 노르스름하고 감칠맛 나는 전술이 된다. 이 전술을 솥에다 넣고 소주고리와 냉각기를 솥 위에 얹는다. 증기가 새지 않도록 틈새를 밀가루 반죽으로 바른다. 그리고 불을 지펴 열을 가하면 전술이 증발하면서 냉각기의 차가운 물에 의해 소주고리관을 통해 냉각된 증류수가 흘러나온다. 이것이 증류된 안동소주다. 처음에는 상당히 높은 도수의 소주가 나오는데 도수가 낮아져 가장 좋은 맛과 향이 나는 45도 때에 증류를 마친다. 이러한 과정을 모형으로 보여주고 있는 안동소주박물관 내부에는 신라토기의 뿔잔 등 각종 잔과 고려시대와 조선시대의 각종 술병과 술잔들이 다양한 형태로 전시되어 있다.

그리고 술의 종류별 주안상도 살펴볼 수가 있다. 술상마다 안주의 품수가 있는데 막걸리상은 4품으로 열무김치, 부침개, 메밀묵 무침, 술국이 오르고 소주상은 5품으로 깍두기, 제육편육, 순대포, 생야채를 비롯하여 새우젓, 막장, 고추장이 올라간다. 또한 술상은 계절별로 제철에 나오는 음식들이 조리되어 오르기도 한다.

　박물관의 전통음식관에서는 안동의 향토음식을 주로 살펴볼 수 있다. 안동은 지리적으로 내륙에 속해 있어 곡식과 채식을 주로 사용하는데 일반적으로 음식이 맵고 짠 편이다. 왜냐하면 안동지역은 여러 의례가 많고 그에 따른 손님맞이가 잦아 한 번 장만하면 변하지 않고 오랫동안 먹을 수 있도록 조리하기 때문이다.

　유교문화와 연관된 특이한 안동의 음식 몇 가지가 있다. 길한 의미의 잔치음식으로 건진국수가 있다. 국수는 혼례와 생일 때 먹는 장수음식인데 일반적으로 국수는 손님이 올 때마다 직접 삶아서 낸다. 그런데 안동은 미리 삶아

서 뭉쳐두었다가 손님이 오면 고명을 올리고 국물을 부어 양념간장과 함께 차려내는 방식이다. 면을 삶아서 건져두었다가 말아내는 국수라 해서 건진 국수다.

헛제삿밥은 1970년대 새롭게 개발한 음식이다. 안동지역은 제사가 많아 평소에도 제사음식을 자주 먹게 되는데 제사음식을 이웃집에 돌리는 풍습도 있고 제사 지내고 남은 음식을 비벼먹는 풍습이 있었다고 한다. 그런데 헛제 삿밥이라는 이름은 안동에서 식당업을 하던 조씨 할머니가 안동의 제사풍습의 문화를 살리기 위해 음식이름을 제삿밥이라 하려 했다가 기독교인들을 의식해서 '헛'자를 붙여 헛제삿밥으로 정해 오늘에 이르게 되었다고 한다.

안동식혜는 밥을 지어서 엿기름을 붓고 삭히고 달여서 만드는 일반 식혜 와는 달리 쌀 또는 좁쌀로 지은 밥에 엿기름물을 부은 다음 잘게 썬 무, 다진 생강, 고춧가루, 물 등을 첨가하여 만든다.

    그리고 안동은 내륙지역이라 싱싱한 생선을 맛볼 수 없어 제사 때나 평소에도 먹을 수 있는 방법을 고안한 나머지 고등어를 소금에 절이게 되었다. 간고등어는 가격이 저렴하고 오래 보존이 가능하기 때문에 손님 접대용 음식으로 인기를 얻고 있으며 일반 판매용으로 상품화 되어 다른 지역에서도 사 먹을 수 있다.

    이외에도 안동지역은 콩가루를 이용하여 국과 찌개, 찜 등을 해먹기도 한다. 그리고 문어는 안동지역에서 빼놓을 수 없는 의례음식이라고 한다. 전국 문어 소비량의 30%를 이 지역이 차지하고 있을 정도다. 마치 전라도의 혼상제례에 홍어가 빠질 수 없듯이 안동에서는 문어가 이를 대신하고 있다. 2003년 이른 양력의 추석 직후에 안동지역에서 문어로 인한 식중독환자가 700명이나 집단 발생한 사건만 봐도 문어 음식의 인기를 알 수 있다.

전통식품 명인으로 지정받은 조옥화 할머니는 궁중음식과 각종 떡, 김치 그리고 안동지역의 향음주례음식과 제사음식을 모형으로 차려 박물관을 찾는 이들에게 보여주고 있다. 특히 1999년 4월 21일 영국 엘리자베스 2세 여왕이 안동 하회마을을 방문했을 때 조옥화 할머니가 차린 여왕의 생일상 음식도 이곳 박물관에서 볼 수 있다.

조선시대 서울 다음으로 가장 많은 과거 합격자를 배출한 안동지역의 선비문화와 유교문화는 역사 속에만 남겨진 문화가 아니라 안동소주와 다양한 음식문화가 어우러져 오늘에 이르기까지 관광지 안동의 품격을 높여주고 있다.

● ● ● **안동소주 · 전통음식박물관**

◆ 연중 쉬는 날이 없고 **관람시간**은 오전 9시 ~ 오후 5시까지이다.

◆ **입장료**는 무료이다.

◆ 박물관을 **찾아오는 길**은 중앙고속도로 남안동 IC에서 빠져나와 안동대교를 건너기 전 시민운동장 및 영천, 포항방면으로 약 2~3분 오시면 왼쪽에 위치해 있다.

◆ 안동소주 전통음식 박물관 주소 : 경북 안동시 수상동 280

◆ 전화 : **054)858-4541**, 홈페이지 http://www.andongsoju.com

한국의 특수박물관
통영옻칠미술관

통영
나전칠기
400년의
산실

　요즈음 나전칠기의 장롱을 가지고 있는 집은 잘 사는 축에 속한다고 볼 수 있다. 너무나 값이 비싸기 때문이다. 그러나 60년대까지만 해도 각 가정에 하나씩은 있었다. 70년대에 값 싼 호마이커 농이 나오면서 나전칠기의 자개농은 점점 자취를 감추게 되었다. 자개농에 새겨진 십장생이나 화조도의 반짝거리는 빛에 집 안이 훤해보였을 정도로 귀티가 나는 생활용품이었는데 다시금 있는 집 안으로 되돌아오고 있다.

　나전칠기는 옻칠한 물건에 여러 가지 모양으로 자개조각을 박아 붙여 장식한 공예품을 말하는데 나전을 흔히 자개라고 불러왔다. 우리나라는 목기와 더불어 칠기가 발달되어 왔다. 옻칠의 역사는 청동기시대의 유물에서도 발견되지만, 특히 낙랑에 의해 한문화가 직접 유입되면서 칠공예가 더욱 발달하였다.

　통일신라의 것으로 추정되는 나전단화금수문경(螺鈿團花禽獸文鏡)은 가야 지방에서 출토되었는데 국보 제140호로 지정되었고, 백제 무령왕릉에서 발견된 왕의 두침과 족좌, 그리고 경주 안압지에서 출토된 은평탈유물 역시 옻

칠을 한 유물이다.

고려시대에는 문종이 요나라에 나전칠기를 선물로 보냈다는 기록이 있고 조선시대를 거쳐오면서 더욱 발전하였다. 우리나라의 칠공예는 중국이나 일본에 비해 단조한 편이나 옻칠의 질이 좋고 자개솜씨가 뛰어나다.

통영은 나전칠기의 본고장으로 지금부터 400년 전 이순신 장군이 삼도수군통제사 시절 이곳에 12공방 중 상하칠방을 설치하여 나전칠기를 생산한데서 명성이 나 있다.

올해 76세인 김성수 씨는 통영에서 태어나 전통의 나전칠기를 전수하고 현대화하는데 평생을 바쳐왔다. 그는 2006년 고향에 국내 유일의 통영옻칠미술관을 개관하여 옻칠공예를 널리 알리면서 지금도 연구하고 제자들을 가르치고 있다.

김성수 관장은 초등학교를 졸업하고 1951년에 설립된 경남 도립 '나전칠기기술원양성소' 1기생으로 들어가면서 나전칠기와 인연을 맺게 되었다. 그곳에서 한국전쟁으로 남하한 당시의 대가들로부터 전통나전기법과 국내 최초의 서구식 디자인교육을 받았다.

김 관장은 1963년 국전 공모전에서 '문갑'을 제작, 공예부문 최고상인 문교부장관상을 수상한데 이어 3년 연속 특선한 실력이 인정되어 홍익대 교수로 채용되었다. 30여 년 간 대학에서 수많은 후학을 양성하였다. 그는 상감기법을 창안하였고 2000년대에는 미국에서 전시회를 통해 한국의 옻칠공예를 알렸으며 옻칠(Ottchil)이라는 고유명사를 옻칠계에 통용시켜 옻칠회화라는 새로운 영역을 구축하였다.

김 관장은 "옻 이상의 재료는 지구상에 없다고 봅니다. 벌레도 끼지 않고 썩는 것도 방지해 주고 수분도 자동으로 조절해줍니다. 쇠 장식에 칠하면 녹이 안 슬고 가죽에 칠하면 부드러운 결을 유지시켜 줍니다. 고려대장경도 옻

칠해서 지금까지 보관되고 있고 고대 이집트에서도 미이라에 옻칠을 하기에 수천 년 동안 보관되어 오고 있습니다"라면서 60년대 산업화의 발달과 함께 값싼 화학칠인 래커(Lacquer)와 캐슈(Cashew)가 들어오면서 친환경적이고 인간에게 유익한 옻칠이 밀려난데 대한 아쉬움을 토로했다.

통영의 낮은 언덕에 고즈넉이 자리 잡은 통영옻칠미술관은 주차장이 넓고 앞에는 이순신 장군이 일본군을 전술적으로 물리쳤던 거제도와 통영 사이를 흐르는 견내량이라는 해협이 보인다.

옻칠미술관은 3개의 전시실로 구분된다. 먼저 미술관 문을 열고 들어가면 가장 먼저 마주치는 작품이 '칠예의 문'이다. 미술관의 칠기공예를 상징하는 가로 3.9m, 세로 2.9m 크기의 대형 조형물이다. 옻칠 캔버스 위에 자개와 금속 등을 붙이는 방식으로 제작됐으며 좌우로 우리나라 전통문양의 문이 양쪽으로 젖혀지면서 가운데서 봉황이 날아오르는 모습이다.

김 관장은 이 작품에 대해 침체해 가던 전통칠기 공예가 부흥하는 모습을 봉황을 통해 나타냈다고 설명한다. 풍해문화재단의 연구비 지원을 받아 시작한 작품의 제작기간은 무려 1년이나 걸렸다고 한다.

제1전시실은 칠예관으로 김 관장이 1965년에 만든 '음양'이라는 주제의 문갑부터 다양한 작품들이 있다. 이 문갑은 가로 1.6m, 세로 55㎝의 크기로 가운데에 붉은색 타원형 문양을 반으로 하여 문을 열 수 있도록 손잡이가 달려 있다. 우리 전통의 문고리와 경첩을 이용하여 옛것과 현대적인 디자인을 조화롭게 살려내고 있다.

또한 1986년에 만든 상감기법의 '문자문 가리개'는 가운데를 접을 수 있고 양쪽으로 펼쳐지는 형태인데 검은 바탕에 다양한 전통문양과 한글을 중첩하여 황금색으로 표현한 작품이다. 선들도 가로가 아닌 비스듬한 세로의 사선으로 처리하여 가리개가 커 보이는 느낌이 든다.

여러 가지 문양을 갖춘 단층장, 문갑, 함, 각병, 꽃이통, 다기세트, 그릇 등 생활용품들이 전시되어 있다. 요즈음 일상생활에서 찻잔은 유리나 도자기로 만든 제품을 사용하고 밥그릇 역시 도자기나 쇠로 만든 제품을 주로 사용하는데 이곳에 전시된 옻칠의 목재용품이 보다 사람에게 이롭고 가벼우며 깨질 염려가 없다는 것이다. 그러나 얼마나 실용화 될 수 있느냐는 아직 대량생산이 어렵고 수공예품이기 때문에 가격 면에서 부담이 크다고 하겠다.

제2전시실은 옻칠장신구를 감상할 수 있는 전시실이다. 인간이 처음 사용한 장신구는 주로 동물의 이빨이나 뼈, 돌멩이, 조개 등에 구멍을 내어 끈으로 연결해서 목걸이로 사용할 수 있게 만들었다.

이는 미적인 면보다 힘이 센 동물로부터 자신을 보호하기 위한 호신용이었다. 차츰 문명이 발달하면서 장신구는 인간의 원초적 미의 욕구를 나타내는 장식 기능과 악령을 퇴치하는 주술적 의미로도 사용되었고 부와 권력 그리고 사회적 지위를 나타내는 신분의 표상으로 복식과 함께 사용되었다.

그러나 21세기 글로벌시대를 맞아 장신구 착용은 남녀노소 구별 없이 일상 생활화 되어 놀랄 만큼 발전하고 있다. 이곳 미술관의 연구실에서는 전통문화예술에 기반을 두고 현대화를 위한 예술적 가치가 높은 디자인 개발에 역점을 두고 있다. 그리고 천년의 전통을 이어

온 채화칠기와 나전칠기에 기반을 둔 옻칠장신구를 연구개발하는 몇몇 대학의 학과를 비롯하여 칠공예품 생산업체가 늘어나고 있다.

전시실에서 볼 수 있는 목걸이, 브릿지, 반지, 귀걸이 등 각종 악세서리는 만든 사람들이 김관장으로부터 옻

칠공예를 전수받은 제자들과 현대 중진작가들의 작품들이다. 장신구 하나하나가 몸에 치장하기가 아까울 정도로 디자인이나 색상이 아름다워 다시 한번 옻칠공예의 가치에 놀라게 된다.

　　제3전시실은 옻칠화가 전시되어 있다. 김 관장의 작품뿐만 아니라 현대 중견작가의 작품 80여 편을 볼 수 있다. 그림과 액자까지도 옻칠로 만들어져 수백 년 수천 년을 보존할 수 있고 유리를 끼우지 않아도 그림이 변색되지 않는다고 한다.

　김 관장의 작품 가운데 자개를 이용하여 만든 보리밭의 정경은 새롭다기보다는 신비스럽다. 보리밭은 누렇거나 초록색이어야 한다는 고정관념을 깨고 자개가 가지고 있는 무지개 색깔이 보리이삭 하나하나에서도 나타나고 있다.

　이외에도 대나무, 작약, 해바라기, 별꽃, 찔레꽃, 목련화 등의 그림과 주제를 가지고 있는 추상화 등을 감상할 수 있다.

　김 관장은 이러한 그림들은 옻칠의 재료적 특성을 살려 회화성과 장식성이 독특한 화법으로 표출하고자 한 새로운 영역이므로 한국 옻칠화(Ott-Painting)라고 명명하였다.

　옻칠화와 유화의 제작상의 차이점은, 캔버스와 건조과정이다. 유화는 일반적으로 캔버스 위에 그림을 그리지만 옻칠화는 목태(나무판재) 위에 옻칠을 하고 그림을 그린다. 그리고 건조과정 또한 유화는 상온에서 건조가 가능하지만 옻칠은 건조실을 설치하고 건조실 내부의 온도를 섭씨 18도에서 28도,

습도는 75%에서 85%를 유지하여 8시간에서 12시간 내외에서 건조시켜야 한다고 한다. 특히 채색칠의 경우에는 건조과정에서 명도와 채도가 떨어지지 않게 온도와 습도를 원활하게 조절해야 하는 기술이 필요하다고 한다.

김 관장의 옻칠인생 60여 년, 어린 나이에 옻을 세 번이나 올라 얼굴이 퉁퉁 부어 그만 두고 싶을 때도 있었지만, "옻이 세 번 오르면 여자는 미인이 되고 남자는 흉터가 안 생긴다"는 말이 있듯이 그 뒤로는 옻을 타지 않아 오늘날까지 400년 역사를 가진 통영 나전칠기의 전통성을 살려나가고 현대화하여 국제적으로 한국 옻칠문화의 명성을 드높이고 있다. 통영옻칠미술관은 김성수 관장의 사재로 이루어낸 국내 유일의 옻칠 전승관이자, 국제적인 옻칠화의 본거지가 될 것으로 본다.

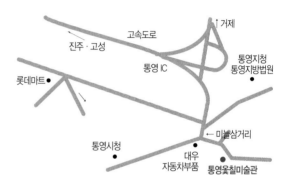

● ● ● **통영옻칠미술관 이용 안내**

◆ **휴관일**은 매주 월요일(월요일이 공휴일인 경우는 다음날 휴관), 설날, 추석날이며 개관시간은 오전 10시 ~ 오후 6시이며 겨울에는 오후 5시까지이다.
◆ **입장료**는 일반 2,000원, 청소년 1,500원, 어린이 1,000원이며 단체는 500원 할인되며 65세 이상은 50% 할인된다.
◆ **박물관을 찾아오는 길**은 대전통영간고속국도→ 통영IC → 마늘삼거리→ 미술관 현지 교통은 통영시외버스 터미널에서 거제방향 버스를 타고 마늘 삼거리에서 하차하여 도보로 5분거리 위치해 있다.
◆ 옻칠미술관 주소 : 경남 통영시 용남면 용남해안로 36번지
◆ 전화 : **055)649-5257**, 홈페이지 http://www.ottchil.org

한국의 특수박물관
전주전통술박물관

맛과 멋의 고장
전주의 다양한
전통술

　전라북도 도청 소재지가 있는 전주는 백제시대에 완산(完山)이라 불렸다가 통일신라시대인 756년에 전주(全州)라고 개명되었다. 굳이 의미를 부여해보자면 모든 것을 갖춘 고을이라는 뜻이다.

　전주는 음식의 고장 멋과 예술의 고장으로 알려져 있다. 연간 수백만 명의 관광객이 찾아오고 있는 한옥마을과 한정식, 비빔밥 등 음식문화도 유명하다. 그래서 전국 어디를 가나 가장 많은 음식점의 상호는 전주집이라는 것이다.

　이뿐만 아니라, 전주는 전주 대사습놀이전국대회, 전주 세계소리축제, 전주 세계서예비엔날레, 전주 국제영화제, 한국음식관광축제, 전주 전통주대향연, 전주 비빔밥축제 등 축제의 도시로 부상하고 있다. 이토록 국제적인 축제가 하나 둘씩 늘어나고 있는 데는 유명한 음식과 전통술, 그리고 천년의 도시가 가지고 있는 환경과 다양한 예술이 활성화되어 있기 때문일 것이다.

　전주 완산구의 교동과 풍남동 일대는 700여 채의 전통 한옥으로 이루어져 한옥마을로 지정되었다. 이곳에는 전통문화센터와 한옥생활체험관, 공예품전시관 등이 있지만, 막걸리와 청주의 제조과정 관람과 시음, 전통술의 역사와

각종 자료를 볼 수 있고 그리고 전주를 비롯하여 전국에서 생산되고 있는 전통주를 구입할 수 있는 전주전통술박물관이 아담한 한옥으로 자리하고 있다.

박물관 안에 들어서면, 화합하여 술을 빚는다는 뜻을 가진 양화당은 가양주와 관련된 유물전시관으로 각종 유물을 통하여 옛 선인들의 술문화를 알 수 있는 곳이다. 우리나라 술의 역사와 관련된 문서들과 유물들, 옛날 주방문화와 관련된 그림과 술병, 기록물을 비롯하여 한지 인형 디오라마를 통해 술 제조법을 소개하고 있다.

그리고 병풍으로 가려진 전통주 숙성실, 계절별로 담근 술들이 전시되어 있는데, 들과 산에서 채취한 열매, 꽃, 식물뿌리 등 다양한 재료들이 술로 빚어져 색깔을 달리하고 있다. 또한 송편이나 인절미 등 각종 떡을 가지고 담근 술도 있다.

양화당에서 나와 'ㄱ'자로 꺾여진 건물은 계영원인데 전국의 전통주를 판매하는 곳이다. 이곳에서 눈에 띄는 하얀색의 조그마한 잔을 계영배라고 부르는데, 가득 채움을 경계하라는 의미가 담겨 있다고 한다. 계영배는 절주배라고도 불리우며 70% 이상 술을 채우면 모두 흘러내려 버리므로 인간의 욕심을 경계해야 한다는 상징적인 의미가 담겨 있다. 고대 중국에서 과욕을 경계하기 위해 하늘에 정성을 드리며 비밀리에 만들어졌던 의기(儀器)에서 유

래되었다고 한다.

이 술잔은 조선시대의 거상 임상옥이 소유했던 것으로 그는 계영배를 늘 옆에 두고 끝없이 솟구치는 과욕을 다스리면서 큰 재산을 모았다고 한다.

계영원에는 전주의 전통주와 전라도의 전통주를 모아 전시하고 있고 전국의 유명한 전통주들을 판매도 한다.

이곳에서 판매하고 있는 전통주 몇 가지의 내력을 살펴보고자 한다. 전주 이강주는 조선시대 중엽부터 전라도와 황해도에서 제조되었던 술로 주로 상류층들이 즐겨마시던 고급 약소주다. 이강주는 알코올 30도의 소주에 배즙, 생강, 계피, 울금 등의 추출액을 섞고 다시 꿀로 조미를 한다. 원료혼합이 끝나면 1개월 이상 저장해야 완제품이 되는데 배에서 우러나는 청량미 등이 조화되어 은은한 향이 있고 술을 마신 뒤에도 머리를 개운하게 해준다. 남북회담 때 우리 대표가 평양으로 가면서 북측 대표단에게 선물한 술이기도 하다.

전북 완주의 송화백일주는 완주군 구이면 모악산 아래에 자리한 수왕사의 주지 벽암스님이 40년째 빚어내고 있는 술이다. 송화백일주는 스님들의 곡차로 얼음장 같은 산중에서 무릎이 저려오는 수행을 하는 선승들에게 필요한 기(氣)음식이다.

신라 진덕여왕 때 부설거사가 함께 수행하던 스님들과 헤어지면서 아쉬움을 달래기 위해 수왕사의 물로 송화주를 빚어 만들었다는 기록이 있다. 벽암스님은 대한민국 전통식품 명인 1호로 지정된 전통주의 명인이다. 이곳에서 빚어지는 술은 두 종류인데 하나는 송죽오곡주로 모악산 약수에 솔잎과 댓잎, 산수유, 구기자, 오미자, 국화 등 각종 한약재와 찹쌀, 곡자, 오곡 등으로 만들어진다. 그리고 송화백일주는 송홧가루와 솔잎, 산수유, 구기자, 오미자, 찹쌀, 백미, 곡자, 꿀을 원료로 제조된다.

전북 익산시 여산면에서 생산하는 호산춘(壺山春)은 여산의 옛 이름이 호

산이어서 호산춘이라 하였다. '춘(春)'자가 붙은 술은 대개 3번의 덧술을 하여 100일 동안 빚는 고급 청주로 문인들이나 상류사회에서 마시던 술이다. 서울의 약산춘, 평양의 벽향춘, 경상도의 이산춘 등이 있다.

충청남도의 대표적인 한산 소곡주는 일본술의 모태로 작용했다는 역사적 기록이 있다. 일본에서 주신(酒神)으로 여기는 백제인 수수거리가 일본으로 건너가 술 빚는 법을 전래했다는 기록으로 삼국사기 백제본기와 일본 사서인 고사기의 중권 내용을 종합해보면, "백제 다안왕 11년 추곡의 흉작으로 왕실에서는 민가에서의 소곡주 제조를 전면 금지한 바 있고, 백제의 수수거리가 일본에 가서 새로운 방법으로 좋은 술을 빚어서 응신천황에게 선물하니 왕이 술을 마시고 기분이 좋아 노래를 불렀다"고 밝히고 있다.

경주 법주의 유래를 보면, 조선 중엽인 중종 때 양반과 천민의 계급의식이 심했는데 그 당시 조정의 문무백관이나 외국 사신들만이 즐겨 마실 수 있도록 제한한 특별주로 활용되었다고 한다. 오늘날 신라시대의 비주라 일컬어지는 경주 교동법주는 경주최씨 문중의 비주로 후손들이 그 명맥을 이어나가고 있다.

경기도 문배주는 밀, 좁쌀, 수수를 주재료로 하여 만든 증류주로 그 향기가 문배나무 과실의 향기가 난다고 하여 붙여진 이름이다. 중요 무형문화재 제86호로 지정된 문배주의 원래 고향은 평양이다. 문배주 제조자는 인간문

화재로 지정된 이경찬 씨로 4대째 대대로 이어져 내려오고 있다.

이외에도 진달래꽃으로 만든 충남 면천의 두견주, 가야곡 왕주, 진도 홍주, 제주도 오메기술, 담양 죽엽청주, 중원 청명주, 고창 복분자주, 계룡 백일주 등 전국에서 생산되는 전통주의 종류도 다양하지만, 술병 또한 특색 있어 술 백화점에 들어선 기분이 든다.

현재 우리나라 전통주로 제조법이 전해지고 있는 것은 300여 가지에 이르고 있다. 옛부터 우리 조상들은 오랜 세월을 통해 기호음료뿐만 아니라 약을 복용하기 위한 수단으로 더러는 약재를 저장할 목적으로 술을 만들어 왔다. 그래서 전통주는 고두밥과 누룩에 물을 섞어 만든 술로 보통 약주라고 하는데, 이 과정에서 국화를 넣으면 국화주, 진달래꽃을 넣으면 두견주, 송순을 넣으면 송순주가 된다. 그리고 탁주나 청주, 약주를 증류시켜 만든 일반소주에 각종 한약재를 넣어 그 약용성분을 이용하는 약용 목적의 혼성약주 또는 다시 한 번 제조과정을 거치는 술을 만들어 건강에 도움을 주고 병을 치료하는 등 뛰어난 양조기술을 가지고 있다.

조선시대에는 집집마다, 고을 마다, 가문마다 특색 있는 가양주가 무려 600여 종류나 되었다고 한다. 그러나 일제 강점기의 문화말살정책과 주세정책 그

리고 해방 이후 산업화 과정을 거치면서 전통주가 점점 사라지게 되었다.

오랜 술의 역사를 가지고 있지만 오늘날 우리나라를 대표할만한 술이 무엇인지 딱히 말할 수 없다. 프랑스의 와인, 독일의 맥주, 러시아의 보드카, 영국의 위스키, 일본의 사케가 대표적인 술이라면 아직까지 한국의 대표 브랜드로 내세울만한 게 없다.

최근 막걸리에 대한 인식이 달라지면서 새롭게 인기를 끌고 있고 그 종류도 다양해지고 있다. 저렴한 가격에 건강과 미용에 좋다는 점이 알려지면서 젊은 층에게 선호도가 높고 외국인에게도 입맛을 당기게 하고 있다.

이제 우리도 전통주의 세계화에 노력할 때이다. 그러기 위해서는 전통주가 가지고 있는 의미가 최근 웰빙 붐과 맞물려 쌀로 빚는 건강식품이며 약품이라는 장점을 살려나가야 할 것이다. 밀가루와 빵을 주식으로 하는 서구에서는 포도, 보리, 감자 등 부식을 이용해 술을 만들었다면 우리나라는 쌀이라는 주식을 주원료로 술을 만들었다.

이러한 주원료인 쌀의 생산에서부터 발효, 숙성, 음용방법, 안주개발, 용기개발, 포장 및 디자인에 이르기까지 보다 소비자의 호감을 살 수 있는 개발이 이루어져야 할 것이다.

전주의 전통술박물관에서는 일반인들을 대상으로 전통 가양주를 빚는 프로그램을 운영하고 있고 옛 선인들의 올바른 예법과 주도를 경험해 볼 수 있는 향음주례 체험을 실시하고 있다. 또한 전국의 술 빚는 장인들과 다양한 주류들이 한자리에 모여 품평회를 하는 전주 전통주대향연을 개최하는 등 멋과 맛의 고장 전주의 한옥마을 한켠에서 우리나라 술문화를 살려나가고 있다.

● ● ● **전주전통술박물관 이용 안내**

◆ **휴관일**은 매주 월요일이며 관람시간은 오전 9시 ~ 오후 6시까지이고 관람료는 없다.

◆ **찾아오시는 길**은, 전주역에서 오실 때에는 웨딩의전당 맞은편 승강장에서 12, 60, 79, 109, 119번 버스를 타고 전동성당 앞 하차하여 한옥마을을 걸어오면 리베라호텔 뒤편에 위치
자가용 이용시에는 전주IC에서 월드컵경기장쪽으로 오면 첫번째 사거리가 나옴,
이곳에서 좌회전하여 시내쪽으로 곧장 들어옴→ 금암 옛 분수대자리에서 기린로로 직진하면 한옥마을
고속버스터미널에서는 5-1, 79번 버스를 타고 전동성당 앞 하차하면 된다.

◆ 전통술 박물관 주소 : 전북 전주시 완산구 풍남동 3가 39-3번지

◆ 전화 : **063)287-6305**, 홈페이지 http://www.urisul.net

우리 민족의 꿈과 사랑을 담은 뜻그림

국내 최초로 2000년 7월 강원도 영월군 김삿갓면에 조선민화박물관이 개관되었다. 조선시대 풍류시인 김삿갓이 애환을 안고 머물렀던 영월의 서강을 따라가다 보면 깊은 골짜기의 언저리에 한옥으로 자리한 박물관을 만나게 된다. 1,150㎡ 규모로 제1전시실과 제2전시실, 휴게실을 갖춘 민화박물관은 조선시대의 민화만 전시하고 있는 게 아니라 매년 김삿갓문화큰잔치가 열리는 때에 전국 민화공모전을 통해 뽑힌 입상작들을 전시하고 있다. 바로 민화의 현대화와 민화를 전문으로 그리는 화가 육성에 기여하고 있다.

설립자 오석환 관장은 인천시에서 공무원 생활을 20여 년 하면서 민화수집의 취미에 빠져 조선시대 민화 3,800여 점, 한·중·일 춘화도 200점을 모으게 되었다고 한다. 조선 왕실이 소유했던 작품으로 추정되는 〈구운몽도〉가 영국 런던 소더비 경매장에 나왔다는 소식에 건물 몇 동 값을 주고 사들일 정도로 취미를 넘어서서 민화에 빠진 광신자가 되어버렸다.

이뿐 아니라 박물관에는 조선 말 채용신이 그린 민화 〈삼국지연의〉가 있는데, 고종이 나라를 되찾으려는 염원에서 채용신에게 의뢰해 제작한 것으로

추정되는데 작품이 뛰어나고 그 가치성을 봐서도 국가 문화재로 손색이 없다고 생각해 현재 문화재 지정을 신청한 상태라고 한다.

박물관 1층은 조선시대의 다양한 민화들이 전시되어 있고 2층은 전국 민화 공모전을 통해 입상한 현대 민화들이 전시되어 있다. 그리고 2층의 한켠의 커튼으로 가려진 방에 들어서면 한·중·일 3국의 춘화를 볼 수 있다. 춘화는 풍속화의 대가인 김홍도와 신윤복도 많이 그렸다고 하는데 본래 양갓집 규수가 시집 갈 때 혼수에 넣어 보내던 성교육 교재로 활용되었다고 한다.

조선시대에는 초기부터 국가가 관리하는 도화서(圖畵署)를 두고 전문 화가를 양성하였다. 지금의 국립국악원과 같은 형태라고 볼 수 있다. 도화서의 화가들은 유교에 근본을 두고 도덕과 규범의 보급을 위해 국가에서 필요로 하는 그림을 그렸다.

한편 일반 서민들 가운데에도 그림교육을 받지 못했으나 소질이 있는 무명

화가나 떠돌이 화가들은 서민들의 생활주변을 아름답게 장식하거나 민속적인 관습에 따른 실용화로 민화를 그렸다.

당시에 도화서의 화가가 부족하여 민화를 그렸던 화가들조차 착출되었다는데, 그 가운데는 귀족, 문인, 승려, 무당 중에서 재주 있는 사람이나 무명화가들도 속했다고 한다.

민화라는 용어를 처음 사용한 사람은 일본인 야나기 무네요시(柳宗悅)라고 한다. 그는 "민중 속에서 태어나 민중을 위하여 그려지고 민중에 의해서 구입되는 그림"을 민화라고 정의하였다. 국내의 여러 학자들도 나름의 정의를 내리고 있지만, 우리 민족이 가지고 있는 소박하고 일상적인 의식과 정감을

그린 민중의 그림을 민화라고 할 수 있다.

그렇다면 민화는 우리 민족의 역사와 더불어 시작되었다고 볼 수도 있다. 신석기시대 암벽화의 동물그림이나 청동기시대의 공예품, 삼국시대의 고분 벽화를 보더라도 그렇다. 고구려 벽화의 사신도, 장생도, 수렵도, 백제의 산 수문전도 역시 평범한 일상생활의 단면을 보여주고 있기 때문이다.

그리고 《삼국유사》에 나오는 솔거가 황룡사 벽에 그린 단군의 초상화 역 시 민화의 소재이다. 처용설화에서 처용의 화상을 문설주에 붙이면 역신이 들어오지 못할 것이라는 벽사(辟邪)를 위한 그림을 붙였던 풍습도 당시에 민 화가 존재했음을 보여주는 사례다.

민화의 역사를 볼 때, 민화의 수용자는 왕실, 관공서를 비롯하여 무속, 도교, 유교의 사당, 사찰, 일반 가정에 이르기까지 모든 대중이었 다. 그러나 민화가 본격적으로 그려지기 시작 한 것은 조선시대부터이지만 지금 남아있는 작 품들은 주로 조선 후기의 것들이다.

민화는 주제에 따라 분류해 볼 수 있는데, 첫 째 종교적인 민화와 비종교적인 민화로 나눌 수 있다. 둘째로는 작가와 작풍에 따른 분류로 서 도화서 화원, 화원의 제자, 지방관서의 화 공, 화승 또는 이들과 버금가는 아마추어 화공들이다. 셋째 그림의 소재에 따라 분류해 볼 수 있으나, 여기서는 무속·도교적인 민화, 불교계통의 민 화, 유교계통의 민화, 장식용 민화로 구분해서 살펴보겠다.

먼저 무속·도교적인 민화에는 불로장생을 기원하는 장생도가 있다. 우리 조상들이 장생의 상징으로 삼았던 해, 구름, 바위, 물, 대나무, 소나무, 영지,

학, 사슴, 거북 등을 그린 십장생도와 송학도, 군학도, 군록도, 천리반송도, 그리고 왕의 용상 뒤에 놓았던 오봉산일월도 역시 장생도적인 성격의 민화이다.

방위 및 십이지신상은 공간과 시간 속에서 재앙을 몰아오는 나쁜 귀신을 쫓고 일과 복을 맞아들이기 위한 방위신과 십이지신을 그린 민화다. 오방을 관장하는 청룡, 백호, 주작, 현무, 황제와 시간과 공간의 상징인 쥐, 소, 호랑이, 토끼, 용, 뱀, 말 등 우리들이 흔히 자신이 태어난 해의 띠라고 부르는 동물들이 그려졌다.

호랑이 · 계견사호는 호랑이와 상서로운 까치를 함께 그린 까치 · 호랑이 그림이나 다락벽에 붙였던 닭 · 개 · 사자 · 호랑이 그림도 수호신의 역할을 하였다. 이외에도 신선도, 산신도, 용왕도 등이 있으며 무속과 도교에서 신으로 추앙받는 칠성, 병성, 오방신장, 공민왕, 태조, 최영, 임경업 장군, 중국의 관우 등이 민화의 소재로 그려졌다.

불교계통의 민화로는 화승들이 주로 그린 호랑이와 산신령을 그린 산신각, 칠성각, 암자 등의 그림과 잃어버린 소로 자아를 발견하는 심우도를 비롯하여 설화도 등이 민화풍이라고 할 수 있다.

그리고 유교계통의 민화로는 공자와 맹자의 가르침에 근본을 둔 행실도, 효자도, 효제충신도, 문자도가 있고 선비들의 평생을 그린 평생도, 건강하고 공부 잘하고 자라서 높은 관직에 오르기를 바라는 뜻에서 잉어가 용이 되어 하늘로 오르는 어변성룡도도 있다. 요즈음 학원 이름이 '등용문학원'인 바도 여기에서 비롯된 것이라고 한다.

현재 전하는 민화 중 가장 많은 분야가 장식용 민화다. 병풍으로 많이 그렸던 산수화, 화조도, 풍속화, 인물화, 책거리도, 정물화 등이 있다. 우리 조상들은 연꽃을 군자의 꽃이라 하여 민화로 많이 그렸고, 연꽃과 오리의 정겨운 풍경을 그린 연압도는 신혼부부의 방에 주로 장식용으로 두는데 부부의 화합을 기원하는 뜻이 담겨있다. 또 다산을 의미하는 여러 마리의 잉어그림이나 암탉과 병아리 그림도 가정의 장식용으로 사용되었다.

조선민화박물관에서 여러 작품을 볼 수 있는 호랑이 민화는 우리가 봐왔던 호랑이의 용맹보다는 친근하고 온순하고 익살스러운 모습이다. 호랑이가 나오는 작호도, 군호도, 호렵도, 호피도, 이묘봉인도 등이 있다. 특히 이묘봉인도를 보면 두 마리의 토끼가 담배를 피우는 호랑이의 시중을 들고 있는 모습이다.

　그리고 6폭 병풍의 괴석백접도는 장수를 상징하는 괴석과 부부간의 사랑과 화합 그리고 부귀영화를 의미하는 나비가 그려진 그림이다. 이 그림에 얽힌 이야기는 옛날에 자고 일어나 보니 작품 속 나비들의 모양이 너무 정교해서 새들이 진짜 나비인 줄 알고 병풍 속의 나비를 모두다 쪼아버렸다는 것이다.

　박물관에서 볼 수 있는 인물화 속의 흉배를 볼 수 있는데, 흉배도는 둥글거나 네모난 바탕에 여러 가지 수를 놓아 가슴과 등에 달던 관복의 문장을 말한다. 흉배의 모양은 벼슬에 따라 다르다. 임금은 둥근 바탕에 용을 수놓았는데 용의 발톱이 다섯 개이고 왕자는 네 개를 그렸다고 한다. 용은 신비의 구슬인 여의주를 가지고 있어 날씨와 구름을 다스리는 등 천 가지 만 가지의 변화와 능력을 가지고 있는 상상의 동물로 왕을 상징하는 표상이다. 그래서 왕의 얼굴을 용안이라 부르고 왕이 앉는 의자를 용상, 왕의 옷을 용포라고 부른다. 세종 때 조선왕조의 뿌리와 정당성을 밝히고 역대 군주를 칭송한 한글 서사시에도 용비어천가라고 제목을 붙인 이유도 용이 가진 고귀함 때문이리라.

　문관의 1, 2품은 공작이나 구름과 기러기를 새겼고, 3품은 꿩과의 새인 백한을 그리고 정 3품 이상은 구름과 학을 수놓았는데 학의 숫자가 많을수록 벼슬이 높았다. 무관의 1, 2품은 호표를, 3품은 웅비를 수놓았고, 2품 이상은 호랑이 한 마리를 수놓은 흉배를 달았다. 이러한 흉배를 통해 인물상 민화 속의 주인공에 대한 지위를 알 수 있다.

2층에서 볼 수 있는 전국 민화공모전 입상작품들은 조선시대의 색감보다 더욱 화려하고 추상적인 면이 가미되어 민화의 장래가 밝다는 생각을 가지게 한다. 오늘날 산업사회의 현상들이 민화로 그려질 수 있다는 새로운 면모를 보여주고 있다.

오 관장은, 민화는 천한 그림이 아니라 우리 민족의 꿈과 사랑을 담은 뜻 그림이란 사실을 강조한다. 따라서 순수한 서민미술로서 다시금 민화의 부흥기가 열리기를 기대하게 하는 조선민화박물관이다.

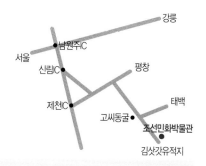

● ● ● 조선민화박물관 이용 안내

◆ **연중무휴**이며 관람시간은 오전 9시 ~ 오후 6시까지이다.

◆ 입장료는 일반 4,000원, 초중생 3,000원, 유치원생 2,000원이며 단체는 1,000원 할인되며 2급 장애인 무료, 영월군민 50%할인된다.

◆ 박물관을 찾아오는 길은 동서울에서 영월시외버스터미널→ 마을버스(김삿갓 묘역행)→ 박물관 하차
영동고속도로→ 남원주IC → 중앙고속도로→ 서제천IC→ 영월방면(38번 국도)→ 영월읍내→ 고씨동굴→ 김삿갓 묘역
기차는 청량리역에서 영월행을 타고 영월에서 하차하여 차편 이용하면 된다.

◆ 조선민화박물관 주소 : 강원도 영월군 김삿갓면 와석리 841-1

◆ 전화 : 033)375-6100~1, 홈페이지 http://www.minhwa.co.kr

한국의 특수박물관
짚풀생활사박물관

농경사회에서
탄생한
짚풀문화

우리는 흔히 짚이나 풀은 소와 같은 가축의 사료로 쓰인다고 생각하고 있다. 가을 들녘에 나가보면 옛날에는 낟가리가 쌓여 있었지만, 지금은 콤바인이 지나가고 나면 볏대만 논바닥에 흩뿌려지고 나락은 곧바로 비닐포대에 담겨진다.

볏짚은 새마을운동 이전에만 해도 우리 서민들에게 없어서는 안 될 소중한 생활문화의 재료였다. 시골 농가에서 볼 수 있는 초가지붕을 비롯하여 망태, 도롱이, 짚신, 조리, 바구니, 멍석, 가마니, 방비, 돗자리, 지게, 닭둥우리 등 농기구에 이르기까지 다양하게 사용되었다.

그래서 추수가 끝나고 나면, 잘 말려둔 볏짚을 이용하여 새끼를 꼬고 가마니를 짜거나 다음 해에 사용할 농기구들을 만드는 일로 바쁘게 지냈다. 말이 농한기지 한가하지 않은 손길 속에서 짚과 풀을 이용하여 가내수공업으로 생활용품을 만들어 왔다.

또한 볏짚은 쌈짓줄을 만드는데 이용하거나 가을운동회 때는 굵은 동아줄

로 꼬아 줄다리기 도구로 사용하기도 했다.

새마을운동을 시작으로 초가지붕이 양철이나 슬레이트로 교체되고 플라스틱 제품들이 생활용품으로 대체되면서 짚이 사라졌다. 이제 시골에 가도 짚이나 풀을 이용한 물건들은 보기가 어렵다. 민속촌에나 가야 짚으로 만든 공예품을 구경할 수 있다.

오천년 농경문화사회에서 우리 선조들이 짚과 풀을 가지고 지혜롭게 수많은 농기구나 생활용품을 만들어 사용해 왔으나, 이토록 갑자기 사라지게 된 것을 안타깝게 여겨 짚풀생활사박물관을 건립한 사람이 있다.

그는 1930년대부터 농업경제학자로 유명했던 인정식 씨의 따님이자, 고(故) 신동엽 시인의 미망인인 인병선 관장이다.

1933년 서울 강남구 청담동에 짚풀전문박물관을 설립한 이후, 2001년 현재 종로구 명륜동에 아담한 건물을 지어 이전하였다. 짚풀생활사박물관은 병설기관으로 (사)짚풀문화연구회를 두고 있고, 짚풀 관련 민속자료 3천 500점, 농기구 200점, 조선못 2천 점, 제기(祭器) 1천 점, 한옥문 200세트, 이종석 기증유물 457점, 세계의 팽이 100종 500여 점 등을 소장하고 있다.

현대사람들이 과거 유물들을 지푸라기에 불과한 물건들이라고 치부하여 관심이 없을 때, 인 관장이 유달리 애착을 갖게 된 동기는 1980년대 초 전통문화와 민중의 삶을 연구하는 모임에 참여하면서다. 답사를 다닐 때마다 짚과 풀로 만든 농기구들이나 생활용품들이 플라스틱 공산품에 밀려 농가 담벼락 밑에서 나뒹구는 것을 안타깝게 여겨 하나 둘 모으게 되었다고 한다.

지금도 인 관장은 지긋한 나이인데도 전국의 농가를 돌아다니며 사라져가는 것들을 모으고, 만드는 기술을 전수받고, 자료로 정리하여 남기는 일에 몰두하고 있다. 이뿐만 아니라 1987년에 설립한 짚풀문화연구회를 통해 짚풀문화 보급에 노력하고 있다.

　농경민족인 우리 조상들이 언제부터 볏짚, 보릿짚, 밀짚을 어떻게 활용해 왔는가를 생각해보면, 처음에는 거름으로 사용하거나 땅에서 올라오는 축축한 습기를 막는 재료, 비를 피하기 위한 재료, 불을 피우기 위한 재료 등으로 사용했을 것이다.

　인 관장은 짚을 "민중과 함께 해온 희로애락과 생로병사를 나눈 친구요, 안

식처"라고 한다. 삼신짚이라 해서 산모의 산욕(産褥)으로 짚을 깔아주고, 악귀를 물리치기 위해 집 문에 걸어둔 금줄도 짚이고, 일생 사는 곳도 초가집이고, 죽어서도 초분이라 하여 짚으로 덮어 무덤을 만들기까지 하였으니, 짚은 인생의 동반자였다고 한다.

특히 금줄은 아기가 태어나면, 대문에 치게 되는데 반드시 새끼줄을 왼쪽으로 꼬아야 하고 아기가 아들이면 숯, 고추, 생솔가지를, 딸이면 생솔가지나 흰 종이를 새끼줄에 끼웠다. 이뿐만 아니라 선조들은 집안 음식맛은 장맛이 결정한다하여 장이 잘못되지 않도록 장독 윗부분에 금줄을 치고 숯이나 흰 종이를 끼워 넣었다.

보릿짚을 이용한 사례로, 조상의 수의(壽衣)를 금으로 해 입히면 그 자손이 왕이 된다는 믿음이 있었는데, 이성계의 먼 윗대 조상이 죽자 그 자손은 집안이 어려워 금옷을 해 입힐 수가 없기에 대신 금처럼 누렇게 광택이 나는 보릿짚으로 수의를 해 입혔다고 한다. 그 덕으로 이성계가 왕이 되었다는 이야기도 전해온다.

볏짚은 허술해 보여도 잘 끊어지지 않아 무엇을 엮거나 담는 그릇을 만드는데 사용된다. 새끼줄을 비롯해서 망태기, 초가집을 이을 때 사용하는 나랫장, 용마름, 이엉을 비롯하여 농가에서 볼 수 있는 닭둥우리, 낫꽂이, 종다래끼, 짚독, 멧방석, 돗자리 등 그 쓰임새가 많다.

특히 망태기는 물건을 담거나 운반하는 용구로 쓰였다. 망태기를 지방에 따라서는 망 또는 구럭, 구럭망, 중태, 멜망태, 밑망태라 부르기도 한다. 망태기의 엮음새는 대부분 그물처럼 엮어지는데 이 박물관에서 볼 수 있는 엮음새는 16종류로 다양함을 알 수 있다.

망태기에 대한 명칭은 그 쓰임새에 따라 여러 가지로 불리우고 있는데, 스무 가지가 넘는다. 예를 들어 두루목은 산삼 또는 약초를 캐러 다니는 심마

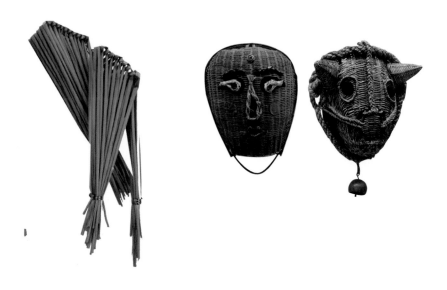

니들이 메던 망태기인데 입구가 개폐식으로 되어 있고 목에 주름이 잡혀 있어 붙여진 이름 같기도 한데 대개 두루목 또는 오그랑망태라고 한다.

메대 또는 메대기라고 하는 것 역시 심마니들이 사용했는데 등이나 어깨에 멘다는 의미에서 메대라고 하지 않았나 싶다. 또 농삼장은 농을 싸던 망태기이고 제주도의 약돌기 역시 망태기의 일종으로 밭일을 나가거나 마소를 돌보러 나갈 때 도시락을 담아가기 위해 만들어지던 물건인데 삼으로 그물같이 얼기설기 엮어 만든 것이다.

시골에서 많이 볼 수 있었던 게 꼴망태와 나무망태이다. 꼴망태는 소나 말의 먹이인 꼴을 베어담는 데 쓰이기 때문에 엮음새의 구멍이 크고 엉성하다. 크기는 어른과 아이에 따라 다르나 자루모양에 끈 하나를 달아 어깨에 메게 되어 있다. 재료는 곱게 뽑은 볏짚을 주로 사용하나 갯가의 자오락같은 풀로 만들기도 한다.

　나무망태는 망태기 중에서도 가장 크고 엮음새도 엉성하다. 연탄이 나오기 전만 해도 시골에서는 가을에 산에서 낙엽을 긁어모아 나무망태에 가득 담아 지게로 나르는 모습을 볼 수 있었다. 헛간에는 몇 개의 나무망태에 땔감이 가득해야 겨울을 나는데 걱정이 없었을 만큼 요긴하게 쓰였던 생활도구이다.

　박물관에서 볼 수 있는 볏짚으로 만든 삼태기는 곡물, 비료, 흙 등을 퍼 나를 때 쓰였고, 마루나 온돌방 바닥에 깔고 습기를 제거하고 온기를 유지했던 짚방석, 맷돌 밑에 까는 맷방석, 볏짚이나 왕골, 왕골속 등으로 엮은 바구니, 달걀을 보관하기 위해 10개를 1줄로 포장한 볏짚꾸러미의 달걀꾸러미, 축구공이 나오기 전에 동네에서 차고 놀았던 돼지오줌보와 짚공 역시 짚을 이용하여 만든 것이다.

70년대까지만 해도 농촌이나 산촌에서는 누에를 길렀다. 비단을 짜는 명주실을 얻는 누에농사는 논농사보다 이득이 많아 누에치는 집이 많았다. 누에를 기르는 데 사용되는 다양한 도구를 만드는데도 짚이나 대나무 등이 사용되었다.

누에섶은 짚이나 입나무 등으로 만들어 누에가 올라가 고치를 짓도록 만든 물건이며 누에채반 역시 짚이나 싸리, 대오리 등을 재료로 만든 것으로 누에를 담아서 기르는데 쓰였던 채반이다.

보릿짚과 밀짚은 볏짚에서 볼 수 없는 윤기와 매끄러움 그리고 색깔의 아름다움이 있다. 그래서 선조들은 이를 이용하여 공예품을 만들거나 장식무늬를 만들어 왔다.

박물관 내에서 보릿짚 쌀독, 밀짚 삼태기, 소 등에 얹는 보릿짚 떰치, 밀짚 거적, 불 땔 때나 나물을 다듬을 때 깔고 앉는 깔방석 등도 볼 수 있지만 보릿대로 만든 여치집의 기하학적인 모양과 목각탈에서는 느낄 수 없는 독특한 모양의 보릿대 탈도 눈에 띈다.

과거 여인들은 농사일을 마치고 나면 보릿짚을 이용한 공예로 여가를 보냈다. 보릿대에 곱게 물을 들여 공예품을 만들면 마치 명주실로 수를 놓은 듯한 귀품이 난다.

공예재료로는 보통 보릿대의 윗대와 가운데 대를 쓰는데 윗대는 가늘고 긴 대신 부드럽고 가운데 대는 굵고 짧으며 단단하다. 보릿대에 오색물을 들여 꼼꼼이 붙여 만든 보릿대 조각 장식밥상보의 화려함, 조각장식 상자, 보릿대 조각으로 베갯보를 장식한 각종 베개, 조각장식 인두판, 실패, 장식무늬를 곁들인 보릿대 부채에 이르기까지 박물관에서 볼 수 있다.

다양한 무늬를 가미한 보릿짚 공예는 다른 공예품보다도 예술적이다. 갈

수록 보리재배를 하지 않기 때문에 재료를 구하기가 어렵겠지만, 밀 역시 대부분 수입에 의존하다 보니 과거 우리 선조들의 솜씨를 이어갈 재료 구하기가 어려운 실정이다.

짚풀생활사박물관에서 또 하나 빼놓을 수 없는 볼거리는 베와 모시로 만든 의류들이다. 삼베, 갈포, 모시, 무명, 명주 등으로 만든 저고리, 두루마기뿐만 아니라 수의에 이르기까지 다양하다. 요즈음은 합성섬유로 만든 의류가 대부분이지만, 과거에는 태어나서 입는 배냇저고리에서부터 죽어서 입는 수의까지 모두가 자연으로부터 얻은 재료로 만든 것들이었다. 그러기에 인간은 자연으로부터 와서 자연으로 돌아간다는 말이 있듯이 우리 선조들은 자연 속에서 의식주를 해결해 왔었던 것이다.

짚풀문화를 생활화했던 50대 이전 세대만 해도 서울 도심 한복판에 자리

잡은 짚풀생활사박물관을 둘러보면서 과거의 초가집이 그립고 고향이 그리워질 것이다.

그러나 신세대들에게는 오늘날 너무도 편리한 생활용품들과 견주어볼 때, 우리 선조들이 손수 생활도구를 만들어 쓸 정도였으니 얼마나 힘들게 살아왔던가. 그러면서도 지혜로움을 느낄 수 있을 것이다.

쉽게 썩고 망가질 수 있는 짚풀이지만 생활용구로 만들어진 우리의 고유문화를 전승하고 강좌를 통해 보급에 앞장서고 있는 인병선 관장의 반평생의 업적이 고스란히 배어있는 박물관이 잊혀져가는 우리 선조들의 얼과 지혜를 지켜주고 있다.

● ● ●　**짚풀생활사박물관 이용 안내**

◆ **휴관일**은 매주 월요일, 1월 1일, 설날 및 추석 당일이며, **관람시간**은 오전 10시 ~ 오후 5시반까지이며 **입장료**는 성인 4,000원, 학생 및 어린이 3,000원, 단체는 1,000원 할인된다.

◆ **지하철로 오시는 길**은 지하철 4호선 혜화역에서 하차하여 4번 출구 방향

◆ **서울 버스** 파랑 101, 102, 103, 104, 초록 1011, 1012, 1018, 빨강 9101, 9410을 타고 혜화동 로터리에서 하차

◆ 짚풀생활사박물관 주소 : 서울특별시 종로구 명륜동 2가 8-4번지

◆ 전화 : **02) 743- 8787~9,** 홈페이지 http://www. zipul.com

한국의 특수박물관
지질박물관

꿈틀대고
있는
지구의 내부

　지구는 우주상에 떠 있는 무수한 행성들 중의 하나다. 지구와 같이 생명체가 살고 있는 행성이 얼마나 있는지조차 모를 정도로 우주는 무한한 공간이다. 태양계를 중심으로 돌고 있는 지구는 마치 이 지구상에서 한국의 우리 동네 우리 집 한 채에 불과한 우주 속의 존재라고도 볼 수 있다.

　그러한 지구가 약 46억 년 전에 만들어졌다고 과학자들은 보고 있다. 지구가 형성되어 지금에 이르는 기간을 지질시대라고 정의하기도 한다. 그러나 일부에서는 지각이 형성되었을 때 또는 가장 오래된 암석이 형성되었을 때를 지질시대라고도 한다.

　이러한 지질시대를 연구하고 지구의 생성과 변화를 통해 향후 지구의 변화를 예측하는 한국지질자원연구원 내에 지질박물관이 있다. 지질박물관에 가면 각종 연대기 표와 암석과 화석 등을 통해 지질시대의 변천사를 공부할 수 있다.

　박물관 중앙홀은 중생대 쥐라기에 출현한 공룡들의 골격과 공룡 알 등 공룡표본을 전시하고 있다. 지구, 화석과 진화, 지질탐사의 세 가지 주제로 구성된 제1전시관은 세밀한 지구 내부 모형과 대륙의 이동 영상자료 등을 통해 지구를 상세하게 알아볼 수 있다.

또한 국내외에서 발견되고 수집한 진귀한 화석들과 복원모형을 통해 생명 진화의 역사와 그 다양성을 알려주고 지질탐사로 제작되는 지질도와 바다에서 이뤄지는 물리탐사의 과정 등을 소개하고 있다.

제2전시관은 암석, 지질 · 암석구조, 광물의 주제로 구성되어 있는데 우리 주변에서 볼 수 있는 여러 가지 암석들의 분류와 생성장소, 연령 측정 방법 등에 대해 안내하고 습곡과 단층처럼 암석에 남은 지질구조와 이들이 보존돼 있는 현장을 소개하고 있다. 또한 암석을 구성하는 입자인 광물의 다양한 종류와 쓰임, 그리고 아름다운 보석과 그 원석을 전시하고 있다.

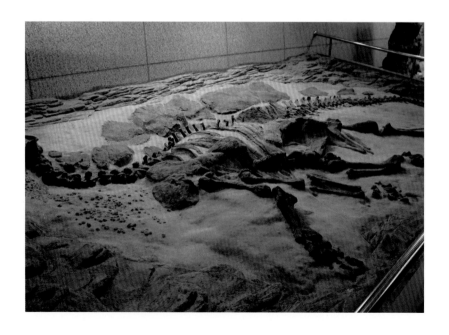

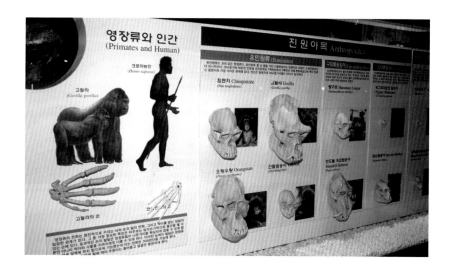

　야외 전시장에는 커다란 화강암과 현무암, 편마암, 규화목, 앵무조개화석 등 대형 암석과 광물, 화석표본들이 전시되어 있다.

　지질하면 가장 먼저 궁금해지는 것은 지구의 내부구조다. 46억 년 전 원시 태양이 만들어지고 난 잔류물은 경쟁적으로 궤도 주변물질을 끌어 모으면서 원시행성으로 성장했을 것이다. 지구 역시 주변 행성들과 부딪치고 합체하면서 열에너지로 끓어오르는 마그마의 집합체였을 것이다.

　그러다가 초기 태양계의 궤도가 정리되고 소행성과 운석의 충돌도 적어지면서 원시지구는 점점 식어지고 무거운 원소는 지구 중심부로 가라앉아 핵을 이루고 상대적으로 가벼운 원소들은 떠올라 두꺼운 맨틀과 얇은 지각을 이루었다. 뜨거운 열기로 끓어 대류하고 있는 맨틀은 수십억 년 동안 대륙을 움직여오면서 지각변화를 일으키고 화산으로 분출하기도 했다.

　맨틀이 분화하면서 만들어진 가장 오래된 암석과 광물은 현재까지 약 38

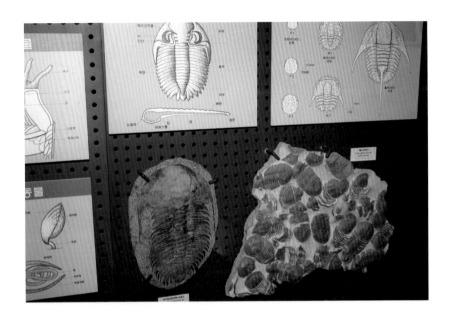

억 년 전과 약 42억 년 전의 것으로 파악되고 있다.

지질시대를 파악하는 방법에는 단위를 사용하는 방법(상대연대)과 지금부터 몇 년 전과 같은 연수를 사용하는 방법(절대연대)이 있다. 지질시대의 상대연대 구분의 틀은 19세기 말까지 거의 확립되었으나, 방사성동위원소를 사용하는 연대(방사연대)의 측정이 1950년부터 시작되었다.

방사성연대측정 방법을 사용하여 세계 각지에 분포하는 지층의 전후 관계를 비교하고 이상적인 완전한 층서를 정하고 화석의 특징을 토대로 그 지층

을 구분하였다. 그리고 그 구분을 척도로 하여 과거의 시간을 측정하고 시대를 알 수 없는 지층의 시대판정을 하기도 한다. 이러한 일련의 작업을 통해 정확한 시대구분과 지층의 대비를 하는 학문분야를 층서학(層序學)이라고 한다.

똑같은 화석을 포함한 지층이 멀리 떨어져 분포하고 있어도 같은 시기의 것으로 볼 수 있다는 지층동정(地層同定)의 법칙이 18세기 말 영국의 W. 스미스에 의하여 처음으로 알려졌고, 스미스는 지층군의 퇴적을 밝혀냈고 지질도를 작성한 최초의 인물이다. 이후 1841년 북유럽과 영국에 분포하는 고생대 데본기까지의 지층구분이 이루어지고 영국의 A. 세지윅이 캄브리아계, R.I. 머치슨이 명명한 실루아계라는 지층이 알려졌다.

이러한 지질시대의 연구와 함께 지각변동의 연구도 함께 이루어졌다. 히말라야나 알프스와 같은 큰 산맥 외에 낮은 산이나 산지도 오랜 기간에 걸쳐서 지각변동으로 인해 형성되어진 것이다. 하나의 습곡은 1년에 1~2mm의 융기와 침강이 반복되면서 만들어진다. 그리고 단층은 지진이 일어날 때마다 1~5m 정도의 어긋남이 생기는데 나중에는 수백 km의 변위를 일으킨다.

오랜 지질시대에는 바다와 육지의 분포가 지금과는 달랐다. 그리고 지금보다 온난하거나 훨씬 한랭하여 빙하가 광범위하게 덮여 있던 시기도 있었다. 이러한 지표를 조사하는 단서로 과거 생물의 기록인 화석이 가장 일반적으로 쓰인다. 생물은 한정된 환경에 서식하므로 서식환경을 자세히 알고 있는 생물화석이 발견되면 그곳의 환경을 추정할 수 있다.

예를 들어 화석 산호초가 발견된 곳은 고생대에 열대의 얕은 바다였음을 알 수 있다. 그리고 포유류 화석의 분포를 통해 북아메리카 대륙과 유라시아 대륙 사이에 베링해협 부분이 신생대 제3기 이후 여러 차례 이어졌다가 분리되었다는 사실도 알 수 있었다.

독일의 기상·지구물리학자 A.L. 베게너가 대륙의 형태나 화석의 유사점 등으로 추정한 곤드와나대륙이 실제 있었음을 밝혀냈고 유럽과 북아메리카가 백악기 무렵부터 분열해서 대서양이 출현했다는 사실 등의 대륙이동설이 입증되고 있기도 하다. 과거에 몇 차례 빙하시대가 지구를 엄습했었다는 사실은 한랭기후를 나타내는 화석의 산출과 빙하가 침식해서 만든 지형, 빙하가 운반한 모래와 자갈의 퇴적물, 그리고 빙하가 깎아낸 암반 표면의 흔적 등을 통해 밝혀지고 있다. 그래서 지질시대의 최후 100만년 사이에 빙하기가 약 10회 정도 되풀이 되었다는 것이 밝혀지고 있다.

지질시대에 지구의 표층에서 일어나는 여러 가지 사건으로 지각변동, 대기변화, 생물의 진화와 사멸 등을 통해 지구 표층부의 역사를 나누고 있다.

지구가 형성된 46억 년 전부터 약 5억 7500만 년 전까지를 선캄브리아대라고 한다. 32~33억 년 전 암석에서 비로소 조류화석이 발견되었는데, 아프리카 남부 스와질랜드의 온페어바흐트층군산 화석으로 크기가 10㎛ 정도이며 공모양과 실모양의 남조류와 비슷한 화석과 함께 대장균과 비슷한 외형을 한 박테리아로 보이는 것이 발견되었다.

선캄브리아대의 전반에는 지표의 물이나 대기 중에 산소 분자가 거의 존재하지 않았고 질소나 이산화탄소로 이루어졌으리라 보고 있다.

고생대는 약 5억 7500만 년 전부터 2억 4700만 년 전까지로 3억여 년간이다. 이 시기는 바닷속에 삼엽충류와 완족류 등 다양한 생물이 증가하고 풍부한 화석이 남아 지층의 구분이나 대비를 할 수 있게 되어 지구 역사에 대한 상세한 연구가 가능해졌다.

중생대는 약 2억 4700만 년 전부터 6500만 년 전까지의 2억 년 정도의 시대이다. 이 기간에는 대륙이 분열되고 바다와 육지의 분포가 크게 변화하였다. 쥐라기에는 인도반도와 남극대륙, 오스트레일리아가 아프리카에서 분리

자 수 정
Amethyst   SiO₂
브라질 / Brazil

연 수 정
Smoky quartz   SiO₂
브라질 / Brazil

크리소콜라
Chrysocolla CuSiO₃·nH₂O
미국 / Arizona, USA

연 수 정
Smoky quartz   SiO₂

자 수 정
Amethyst   SiO₂
브라질 / Brazil

황 수 정
Citrine   SiO₂
브라질 / Brazil

석 류 석
Garnet

호 안 석
Tiger's eye
남아 / South Australia

에메
Emerald

되었고, 백악기 중엽에는 아프리카와 남아메리카가 분열되어 현재와 같이 흩어진 여러 대륙으로 되었다. 로렌시아대륙이 분열되어 북아메리카대륙과 유럽 사이에 북대서양이 출현한 것은 그보다 조금 이른 백악기 전기일 것으로 추정하고 있다. 이 시기에는 공룡과 조류가 살았고, 육상식물로서는 양치식물, 소철, 은행 등의 겉씨식물이 많았다.

신생대는 전반기와 후반기로 나누는데 전반기는 6500만 년 전부터 2400만 년 전까지와 후기인 2400만 년 이후로 나눈다. 공룡시대의 멸망 이후로 포유류가 급속히 발전하였고 신생대 후반기에 들어 인도반도와 티베트 사이에 있던 테티스해의 해저퇴적물이나 지각은 두 육괴의 충돌로 인하여 압축되어 히말라야산맥이 되었으며 유럽과 아드리아, 티레니아 지괴의 충돌로 알프스산맥이 형성되었다. 이들 산맥의 출현으로 북쪽에는 바다에서 격리된 건조한 평원이 생겼다.

약 100만 년 전 무렵부터는 현재까지 약 10만 년을 주기로 현저한 한랭기와 온난기가 되풀이 되는 빙하시대라는 사실을 알게 되었다. 인류는 한랭화가 시작된 300만 년 전 무렵부터 출현하여 여러 변천을 거치면서 빙하시대를 보냈고 마지막 빙하기가 끝난 1만 년 전 무렵부터 농경기술을 익히면서 인구가 증가하게 되어 오늘에 이르게 되었다.

이러한 지질시대의 변화를 생생하게 보여주고 있는 지층과 암석 그리고 광물을 통해 인류가 탄생하기 이전의 까마득한 지구의 역사를 되돌아 볼 수 있는 지질박물관이 대전 대덕연구단지 내에 있다.

비록 보잘것 없는 화석이지만 수만 년 아니 수억 년의 역사를 담고 있다고 생각할 때 100년도 채 되지 않는 인간의 생명력은 얼마나 보잘것 없는 것인가 생각할 때 참으로 진정한 삶의 가치가 무엇이겠는가를 생각하게 한다. 그리고 지구가 더워지고 빙하가 녹는 등 기후변화가 일어나고 있는 징조 역시 주기적인 지각변동의 예고라는 생각을 떨쳐버릴 수 없게 한다.

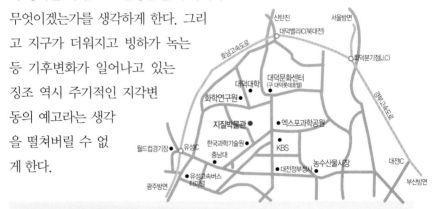

● ● ● **지질박물관 이용 안내**

◆ **휴관일**은 매주 일요일, 법정공휴일 다음날, 신정, 명절연휴, 임시공휴일이며 관람시간은 오전 10시 ~ 오후 5시까지이다.
◆ **입장료**는 무료이며 20인 이상 단체관람은 홈페이지 사전예약이 필요하다.
◆ **오시는 길** : 북대전 IC에서 좌회전 – 화암사거리(굴다리) 직진 – 도룡삼거리(대덕컨벤션센터) 우회전 – 연구단지 4거리(연구단지 관리본부) 우회전 – 승적골삼거리(쌍용중앙연구소) 좌회전 후 1Km – 지질박물관
유성IC에서 우회전 – 궁동네거리(하이마트) 직진(※지하차도에 진입하지 말고 옆길로) – 충대정문오거리(충남대학교) 10시방향 좌회전 – KAIST정문 – 구성삼거리 좌회전 – 화폐박물관 – 지질박물관
◆ **지질박물관 주소** : 대전광역시 유성구 과학로 92 한국지질자원연구원 지질박물관
◆ 전화 : **042) 868-3797, 3798**, 홈페이지 http://museum.kigam.re.kr

한국의 특수박물관
세계민속악기박물관

지구상의
소리에
도전하는
악기들

　인류가 처음에 소리를 생활의 수단으로 활용한 방법으로는 자신의 목소리와 그리고 어떠한 도구를 부딪쳐서 나는 소리였을 것이다. 또 하나는 풀피리였을 것이다. 풀피리는 원시사회에서 새를 사냥할 때 그물로 유도하기 위해 사용되었다고 한다.

　그러나 풀피리는 어렸을 때의 추억으로 다가오는 고향의 소리이기도 하다. 정지용의 시 〈향수〉에 "머언 시절에 불던 풀피리 소리 아니냐고/ 메마른 입술에 쓰디 쓰다/ 고향에 고향에 돌아와도/ 그리던 하늘만이 높프르구나"라는 내용이 있듯이 한 번쯤 불어 본 자연의 소리다.

　그런데 이 풀피리 소리가 2002년에는 경기도 무형문화재로 지정되어 전승 보급되고 있다는 사실이다. 또 풀피리 관련해서는 1493년 조선 성종 때 편찬한 《악학궤범(樂學軌範)》에 풀피리 재료와 연주법이 기록되어 있으니 어린시절의 추억만으로 치부할 일도 아니다.

　우리 민족은 상고시대부터 음악과 춤을 즐겼다는 역사적 기록과 함께 다양한 악기들도 개발하였다. 요즈음 주로 전통음악에서 사용하는 국악기는 삼국

시대를 전후해서 우리나라에서 만든 악기와 중국을 비롯하여 서역 및 기타 지방에서 수입되어 온 외래악기 등 60여 종이 있다.

악기는 연주법에 따라 관악기, 현악기, 타악기로 구분하고 있는데, 이러한 악기들은 세계 여러 나라들마다 조금씩 형태는 다르나 제작기법의 울림통, 줄, 두드림판 등등이 비슷하다. 각 나라의 특색 있는 민속악기들을 볼 수 있는 곳이 강원도 영월군에 자리한 세계민속악기박물관이다.

동북아시아, 인도, 서남아시아, 동남아시아, 중동, 아프리카, 아메리카에 이르기까지 각 문화권별로 다양한 악기들이 전시되어 있다. 무려 100여 개국 2천여 점의 소장악기들을 순환전시하고 있으며, 박물관을 찾는 이들에게 지구라는 별에 함께 살고 있는 다른 나라 사람들의 삶과 소리를 이해시키고자 세계 음악공연과 강좌가 수시로 열리고 있다.

초기의 악기는 주로 충격이나 진동에 의한 소리가 나는 막대기나 가운데

가 비어 있는 통나무 그리고 소리가 울리는 활이나 가죽통 등을 사용하였다.

1600년경에 쓰여진 페루의 연대기에는 전쟁의 승리나 반란을 진압한 뒤 의식을 치루는 동안 잡은 포로나 왕의 반역자를 살아 있는 상태로 생가죽을 벗겨 공기를 불어 넣어 드럼처럼 부풀게 한 후 복부 부분을 막대기로 두들기 며 모욕을 하였다는 잔인한 기록이 전해진다.

티벳과 쿠바에서는 죽은 사람의 해골이나 뼈로 만든 악기를 사용하였고, 최초의 피리는 대부분 동물 뼈에 구멍을 내어 사용하였다.

한편 악기에 신성함을 더하기 위해 우간다에서는 대관식 때 로얄 드럼 (Royal Drum)에 소년의 피를 바르기도 했고, 중국에서는 황제의 명에 의해 큰 종을 주조하는 과정에서 소리를 백 리 이상 울리고 청아하게 만들기 위해 종 제작 책임자의 어린 딸이 제물로 희생되었다는 설이 전해진다. 우리나라 도 신라시대 에밀레종의 전설에 의하면 아기가 끓는 쇳물에 바쳐져 어머니 를 부르는 '에밀레'의 소리가 난다고 한다.

악기는 사람을 즐겁게 하고 어떠한 통신수단으로 활용되기도 했지만, 종 교나 주술에도 사용되었다. 이슬람교의 신비주의 성직자들은 음악에 맞춰

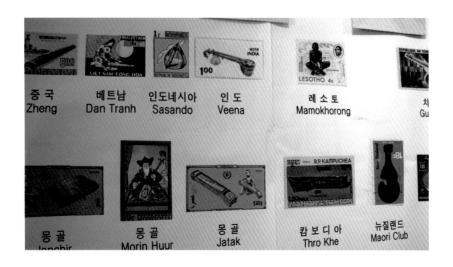

중국 Zheng
베트남 Dan Tranh
인도네시아 Sasando
인 도 Veena
레 소 토 Mamokhorong
차 Gu

몽골 Janchir
몽골 Morin Huur
몽 골 Jatak
캄 보 디 아 Thro Khe
뉴질랜드 Maori Club

춤을 추다가 최면상태에 빠지기도 하고, 아프리카, 남아시아, 시베리아 지역 등에서는 음악을 이용하여 트랜스 상태로 몰입하는 축제가 열리기도 한다.

그리고 악기를 이용하여 샤머니즘적인 주술형태로 병을 치료하는 의식은 오늘날에도 우리 주변에서 볼 수 있는 일이다. 과거에 병을 고치는 사람, 예언자, 심령술사로서 아시아 스텝지역에 기원을 두고 있는 무당은 사냥, 전쟁, 부락의 애경사 및 날씨 변화, 운명 등을 관장하면서 영적인 세계로의 중간 중계자 역할을 해왔다. 이들이 주로 사용하는 악기는 북이나 종, 딸랑이 등이다.

그리고 드럼을 치면 아드레날린 분비가 촉진되어 춤을 추게 되거나 전쟁터에서 용맹해진다 해서 군악대를 활용해 사기를 북돋우기도 했다. 이집트의 파티마왕조 때는 500개의 드럼과 500개의 트럼펫이 사용되었다고 전한다.

인도차이나 반도와 말레이제도로 이루어진 동남아시아의 특색 있는 악기로는 여러 형태의 공을 이용한 가믈란(Gamelan)이 세계 곳곳의 애호가에게 사랑을 받고 있다. 인도네시아 발리 지역의 안클룽안이라는 악기는 가믈란 악기의 일종인데 커다란 다섯 개의 징을 높이를 달리하여 매달아 놓고 우리나라의 편경과 같은 악기들이 다양한 종류로 만들어져 앙상블을 이루고 있다. 여기에 매달린 징도 한몫을 하는데 우리나라의 징과 다른 것은 징의 한가운데가 마치 배꼽처럼 볼록형이라는 것이다.

태국의 실로폰으로 라낫엑은 21~22개의 나무로 만든 나무판을 배처럼 생긴 공명통 위에 끈으로 꿰어 연결해 놓고 두 개의 말렛(두드림 망치)으로 연주하는 형태이다. 미얀마의 파탈라 역시 라낫엑과 같은 형태인데 말렛으로 치는 건반 모양이 대나무로 되어 있어 소리가 훨씬 맑게 들린다.

인도 및 서남아시아 지역의 악기로 시타르와 사랑기, 므리당감, 타블라 등은 서구 월드뮤직 시장에서도 잘 알려진 악기들이다. 시타르는 이슬람교도 음악인들이 탐브라라는 현악기와 남인도의 비나를 개량하여 13세기 무렵에 만든 현악기이다. 2개의 조롱박 공명통과 티크나무로 만든 시타르는 긴 목에 움직일 수 있는 16~20개의 지판이 있다. 네 개의 선율현 외에 개방현 3개와 13현의 공명현이 있어서 연주할 때 신비로운 음향을 낸다.

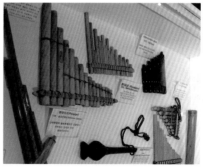

사랑기는 인도에서 활로 연주하는 악기 중에서 가장 잘 알려진 악기이다. 사랑기의 이름은 100가지를 의미하는 사우(Sau)와 색을

의미하는 랑기(Rangi)로부터 유래했다. 이 악기는 1개의 통나무 아래쪽을 파내어 공명통으로 삼고 그 위에 가죽을 씌우고 긴 줄을 사용한다.

므리당감은 술통처럼 생긴 몸통의 양쪽에 가죽을 씌워 만든 북의 일종이다. 오른쪽 북면이 왼쪽보다 약간 좁고 북면의 테두리 양끝은 가죽끈으로 고정시켰다. 바닥에 세워놓고 두드리는 북이지만 위쪽이 좁고 연주자 쪽으로 비스듬히 기울어 있다는 특색이 있다.

터키의 투르크 전통과 이란의 페르시아 문화, 그리고 아랍 전통이 대표적 요소로 형성된 중동의 이슬람문화는 우즈베키스탄 등 구 소련의 중앙아시아와 모로코, 이집트 등 북아프리카에서도 그 영향력을 느낄 수 있다. 십자군 전쟁을 통해 이슬람문화로부터 유입된 현악기가 유럽에서 개량을 거듭하여 지금의 바이올린이 되었다는 역사에서도 짐작할 수 있다.

이슬람문화의 중동 악기들은 유럽뿐 아니라 실크로드를 거쳐 동아시아로 전해진다. 우리나라에 이르러 양금이 된 산투르 혹은 카눈은 한국에서와는 전혀 다른 연주방법을 통해 여러 악기가 동원되는 합주처럼 짜임새가 두터운 음악을 연주하는 악기로 사용된다.

3천여 부족과 1천여 개의 언어가 공존하는 아프리카 대륙의 음악은 서로 다른 박자의 리듬을 동시에 연주하는 타악과 열정적인 의식음악들로 유명하다. 특히 중앙아프리카 이투리 숲의 피그미들은 사회구성원 전원이 참여하는 폴리포니(다성음악) 노래로 인해 세계에서 가장 음악적인 종족이라는 평을 받고 있다. 수렵과 채집을 통해 생업을 유지하는 피그미나 부시맨이 노래를 즐기는 반면에 농업과 목축업 등으로 정착생활을 해온 다른 부족사회는 여러 형태의 드럼과 현악기들로 기악연주를 즐겨왔다.

아프리카대륙의 악기로는 한 쌍의 진흙으로 만든 몸체에 염소나 소가죽으로 고정시켜 만들고 손가락으로 북면을 치면서 연주하는 트빌라가 있는데 이 북은 크고 작은 북 두 개가 함께 연결되어 있다. 젬베라는 악기는 서아프리카의 대표적인 타악기로 만당카족으로부터 유래했다고 전해진다. 위쪽이 넓고 큰 불균형의 북이지만 바닥에 세워놓고 두드리는 북의 일종이다. 발라폰이라는 악기는 태국의 라낫엑이나 미얀마의 파탈라라는 악기와 유사하다. 공명통으로 다양한 크기의 조롱박을 아래쪽에 매달고 위쪽에는 실로폰처럼 나무조각들이 연결되어 있어 두드려서 소리를 내는 악기이다. 특이한 점은 붕붕거리는 소리를 내기 위해 조롱박의 작은 구멍에 거미알집을 붙여 만들었다는 것이다.

15세기를 전후하여 유럽인의 탐험으로 베일이 벗겨지기 시작한 아메리카는 원주민들의 전통과 유럽에 기반을 둔 백인들, 아프리카에서 강제 이주된 흑인들의 삶이 공존하면서 다원적 색채의 문화가 형성되어 20세기 이후 음반산업의 발달과 함께 세계적으

로 알려지게 되었다. 스페인의 비우엘라가 변형된 차랑고라는 악기는 볼리비아 등에서 애용되는 대표적인 남미의 기타이다. 이 차랑고는 등판을 갑옷쥐로 둘러싸고 있다는 특징이 있다.

페루의 와히라푸코라는 악기는 고대 잉카제국시대에 땅의 여신 파차마마의 목소리를 전달하는 악기로 신성하게 여겨 카니발 의식 후 연주했다고 한다. 동물의 뿔을 소라처럼 둥글게 연결하여 만든 악기이다.

유럽은 모차르트와 베토벤을 낳은 클래식 음악의 본고장으로 다양한 음악과 악기들이 발달하였다. 남부 독일의 민속악기인 지터는 30~45줄의 현을 손가락으로 뜯거나 픽으로 연주하는 악기이다. 길이가 53cm, 넓이가 30cm 정도인 가야금의 축소판 같다.

스위스의 알프혼은 길이가 3.43m로 켈트족에 의해 대략 2,000년 전부터 사용되어온 악기라고 한다. 젖소의 젖을 짤 때 마음을 안정시키거나 밤에 양들을 재우기 위해 불러 모을 때 그리고 마을 회의나 전쟁을 위해 남자들을 모을 때도 사용되었다고 한다.

각 문화권별로 악기의 생김새가 그 나라에서 생산되는 재료를 가지고 만들다 보니 보는 것만으로도 형형색색이다. 악기의 소리는 당연히 재료로 무얼 사용했느냐에 따라 다르지만 두드리거나 불거나 튕겨서 소리를 낸다는 것은 같다.

신의 목소리를 가진 성악가의 목소리도 아름답지만, 세계민속악기박물관에서 듣는 각 나라의 악기소리를 듣다보면 마치 세계 일주를 하는 기분이 든다. 아프리카의 악기 소리를 듣고 있다 보면 흙먼지가 이는 땅을 구르며 부족들이 달려나올 듯한 기분이 든다.

지구상에서 만들 수 있는 모든 소리에 도전하는 인간의 악기 만드는 기술은 인류 역사와 함께 해왔지만 아직도 까마득한 미래로 이어지리라 본다.

● ● ● **세계민속악기박물관 이용 안내**

◆ **휴관일**은 매주 월요일이며 관람시간은 하절기는 오전 9시부터 오후 6시,
동절기는 오전 10시부터 오후 5시까지이다.

◆ **관람요금**은 유치원 3,000원, 초중고생 4,000원, 일반 5,000원이며 단체는 1,000원 할인되며
2급장애인은 무료이다.

◆ **오시는 길 : 버스**는 동서울터미널에서 영월행→영월시외버스터미널 하차→마을버스(김삿갓묘역행)타고
고씨굴 하차, **고속버스**는 영동고속도로→남원주IC→중앙고속도로→서제천IC→영월방면(38국도) →
영월읍내→마을버스(고씨굴), **기차**는 청량리역→영월역 하차→마을버스 이용

◆ **박물관** 주소 : 강원도 영월군 김삿갓면 진별리 592-3번지

◆ **전화 : 033-372-5909,** 홈페이지 http://www.ywmuseum.com

인류가 꿈꿔 온
보금자리
문화의 변천사

　요즈음 결혼 연령이 점점 늦춰지고 있는데 이유 중에 하나가 결혼자금 마련이 어렵기 때문이라고 한다. 결혼하려면 적어도 전셋집이라도 얻어야 하는데 수도권에서는 엄두가 나지 않기 때문이다.

　오래 전부터 집과 땅은 부의 상징이자 투기의 대상이 되어 왔다. 그동안 정부의 주택정책에 따라 한국토지주택공사가 토지를 매입하고 서민주택을 지어 집 없는 사람들의 보금자리를 마련해주고 새로운 신도시를 건설해오고 있지만 인구가 집중화되어 있는 수도권은 아직도 부족한 상태이다. 장기임대주택을 보다 많이 지어 젊은 세대들의 부담을 덜어주어야만 가정을 꾸리고 행복한 미래를 설계할 수 있을 것이다.

　경기도 성남시 분당구에 있는 한국토지주택공사가 운영하는 토지주택박물관이 2009년에 새롭게 개관하였다. 이곳에서는 우리나라 토지정책의 변화와 주택의 변천사 등을 살펴볼 수 있다.

　인류 역사의 발전사를 보면 토지와 물의 이용이 중요하다는 것을 새삼 느낄 수 있다. 4대문명의 발상지 역시 비옥한 토지와 물길이 접하고 있는 곳에서 생성되었다. 우리나라의 삼국시대에도 강을 끼고 도읍을 정해 성을 쌓고

주택을 형성하는 걸 보더라도 그렇다.

토지주택박물관은 인류가 토지를 어떻게 이용해왔고 주거문화의 형성과정 등을 역사적 기록물과 유물 그리고 디오라마(Diorama) 기법으로 상세하게 소개해주고 있다.

박물관은 토지와 건축에 관한 기록물 자료로 토지대장, 토지주택 거래문서, 고지도와 지적도 등 5만여 점의 자료와 유물을 소장하고 있으며 청동기시대의 촌락, 고구려 왕경, 화성신도시 등을 모형으로 제작하여 보여주고 있다.

원시사회에서 토지는 개인의 소유물이 아닌 촌락공동체의 소유였다. 그러다가 국가가 형성되면서 공공소유가 아닌 통치자의 소유로 전환되고 농민은 토지 이용에 대한 각종 세금을 내고 농경지를 이용하였다. 고려 후기부터는 토지 소유권이 통치자로부터 집권계층이나 대토지 소유자에게 이전되어 매매가 이뤄졌다.

2010년 현재 우리나라 전체 토지 가운데 산림이 64.5%, 농경지가 19.6%, 대지가 2.7%를 차지하고 있다. 집을 지을 수 있는 대지가 부족한 편이다.

1960년대 이전에는 농경지가 중요하게 취급되었으나 산업구조가 고도화

되면서 상대적으로 택지, 공업용지, 상업용지 개발이 활성화되었다. 그리고 현재 국가가 관리하는 국유지가 전체 토지의 24%, 자치단체 7.6%로 국공유지가 차지하는 비중이 적어 사회간접자본시설을 확충하거나 공공주택을 건설하는 데 많은 비용이 들어 고스란히 국민의 부담으로 이어져 오고 있다. 그런 반면에 지가상승에 따라 일반 토지소유자들은 엄청난 불로소득을 얻게 되었다. 그래서 지금도 토지는 투기의 대상이 되고 있다.

이러한 토지제도의 변화와 함께 주택은 어떠한 변화가 있었는지 살펴보고자 한다. 본래 주택은 인류의 생활역사가 시작되면서 자연의 변화와 동물의 위협으로부터 자신을 보호하기 위해 은신처로서 공간을 건축형식으로 구축하면서 시작되었다.

신석기시대에는 동굴을 활용하거나 움집을 지어 주거생활을 하였다. 추위를 견뎌내기 위해 주거공간 안에서 불을 피우기도 했다. 이러한 난방문화가 동양에서는 온돌문화로 이어지고 서양에서는 난로문화로 발달하였다.

온돌은 방바닥에 돌을 깔고 아궁이에 불을 피우면 돌이 달구어져 방이 데워지는 구조인데 최초의 온돌은 방의 일부분만 난방하는 쪽구들 형식으로 기원전 4세기부터 기원후 1세기 경에 연해주 남부의 크로우노프카 문화(옥저문화)에서 사용했음이 밝혀졌다. 문헌상으로는 서기 500년 초에 중국의 베이징 인근 지역에 있는 관계사(觀鷄寺)라는 절 법당의 방바닥을 돌로 고이고 돌 위를 흙칠하여 갱을 만든 다음 불을 지펴 방을 덥혔다는 기록이 있다.

쪽구들은 고구려의 유적지나 무덤의 벽화에서도 나타나고 있듯이 널리 분포된 대표적인 난방문화였다. 삼국시대의 온돌은 방 안의 일부에만 놓여있는 쪽구들 형식이기 때문에 실내에는 의자, 좌상 등의 가구가 있고 사람들은 신발을 신고 들어와 의자에 앉아서 일을 보는 입식생활을 하였다. 고려시대로 접어들면서 온돌방이 탄생했는데, 고려시대의 문신 최자(崔滋)의 《보한집(補

閑集)》에 그 기록이 전하고 있다.

조선시대 초기의 임금들은 침실에 화기를 설치하였고 경복궁 전각들 대부분이 마루방이었다. 1624년 영의정이었던 이원익이 인조임금에게 온돌방 설치를 건의하여 온돌이 많아졌다고 한다.

조선 후기에는 온돌방이 유행하다 보니 뗄나무가 부족하여 양반들이 추위에 떨기도 했다고 한다. 또한 산에 나무가 고갈되어 조선을 방문한 선교사들이 산에 나무가 없음을 신기하게 여길 정도였다고 한다.

온돌문화가 사람을 드러눕게 하는 바람에 게을러지게 되고 산이 황폐해짐에 따라 가뭄과 홍수로 농업생산에 피해를 주기도 했다.

한 때 온돌방의 아궁이를 연탄으로 교체하면서 연탄가스중독자가 늘었지만 온수식 보일러로 교체되면서 난방문화는 오늘날의 현대건축을 이끌어 냈다.

우리나라의 건축은 농경사회에서는 짚과 흙을 짓이겨 바른 담에다 짚을 엮어 두른 초가집이거나 기와집이었다. 그러다가 초가지붕이 양철지붕, 슬레이트지붕으로 바뀌었다.

공동주택의 형태인 연립주택이 들어서기 시작한 것은 1945년 서울시에 의해 청량리와 신당동 일대에 2층 4호의 연립 주거단지가 건설되고 1956년에

국립의료원의 외국인 숙소로 체인형의 연립주택이 건설되었다. 1985년에는 전국의 연립주택 건설이 35만호에 이르게 되었다.

이러한 공동주택의 역사를 보면, 기원전 2300~1800년 인더스 문명의 발상지인 인더스 강 하류지역의 모헨조다로 유적에서 즐비한 2층집이 발견되었고 북아메리카 이러쿼이 인디언도 공동주거생활을 하였다. 20세기에 들어와서는 세계 각국에서 도시를 중심으로 건축되었고, 우리나라는 1932년에 서울 충정로에 건설된 유림아파트가 최초라고 한다. 1962년에는 당시의 대한주택공사가 서울 마포에 460가구의 단지형 아파트를 건설함으로써 본격적인 아파트 건설의 붐을 일으켰다.

이러한 아파트 건설이 지금도 계속되고 있지만, 서민을 위한 임대주택의 시작은 71년부터 시작되어 99년에는 100만호에 이르게 되었다. 현재 주택복지가 안정적인 유럽은 30~40%의 공공건설의 임대주택을 공급하고 있지만,

우리나라는 6.5%에 불과하다.

요즈음 아파트들은 철근구조에 콘크리트를 부어 짓지만 조립식 건축물도 날로 인기를 모으고 있다. 고층의 아파트, 공공건물이나 사무실 건물들이 조립식으로 지어지고 있다.

유럽에서 조립식 건축의 기법이 발달하게 된 데는 철, 콘크리트, 유리 등의 건축 주요재료의 생산이 공업화하기 시작한 19세기 후반경이다. 1851년 런던에서 개최된 만국박람회장이었던 수정궁은 철과 유리에 의해 만들어진 거대한 건물로 123종의 부품이 사용되었고 전체의 모든 접합부가 볼트와 너트에 의해 조립되었는데, 단 6개월 만에 완공되었다.

우리나라는 1956년 한미재단에서 안양에 P.S.C공장을 건설하여 거기서 생산되는 부품으로 조립식 아파트와 연립주택을 지은 것이 최초이다. 1970년대 정부의 주요시책 가운데 하나로 농촌주택개량사업에 조립식 주택사업이 도입되었다.

가끔 야외의 경관이 좋은 곳을 지나다 보면 유럽에서나 볼 수 있는 아름다운 전원주택들이 조립식이기도 하다.

이토록 인류는 토지를 농경지와 주택지, 도시 형성지로 발달시켰고 주택의 변천 역시 인구 증가에 따라 개인주택에서 연립주택, 아파트 단지로까지 변화를 추구하였다.

토지주택박물관은 이러한 역사를 비롯하여 토지의 구분과 측량, 지도의 변천사, 난방기술, 건축기술과 다양한 구조

등을 역사적 문헌과 모형 등을 통해 살펴볼 수 있는 교육장이다.

건축관련 고문헌 중에는 경복궁 중건일기인 〈영건일감〉과 민간에서 작성한 건축일기, 한성부의 기와집 매매문서를 비롯하여 토지거래문서 등이 있다. 이외에도 고문서 중에는 마을마다 주민의 인구현황을 기록한 호적대장, 한 집안에 거주하는 가족사항을 기록한 호구단자뿐만 아니라 과거시험을 보러 갈 때 반드시 지참해야 하는 준호구는 해당관청에서 호구대장을 기초로 재작성해 발급해주는 오늘날의 주민등록증과 같은 역할을 했다.

이외에도 신분을 나타내는 호패, 혼인서, 혼수물품을 적은 기록물, 민간신앙 자료와 상속문서, 노비문서 등 다양한 기록물을 살펴볼 수 있다.

비좁은 땅과 밀집된 주거문화 속에서 얼마나 행복하게 인생을 누리느냐가 이제 고민이 되는 시대이다. 땅값, 집값이 천정부지로 치솟고 있는 우리나라의 현실에서 "저 푸른 초원 위에 그림 같은 집을 짓고 사랑하는 우리 님과 한 백년 살고 싶어"라는 노래 가사가 멀고 먼 꿈으로만 여겨진다.

● ● ● **토지주택박물관 이용 안내**

◆ **휴관일**은 매주 일요일, 공휴일, 10월 1일, 5월 1일이며 관람시간은 오전 10시~오후 5시까지이다.
◆ **입장료**는 무료이며 30인 이상 단체관람은 홈페이지를 통해 미리 예약해야 된다.
◆ **찾아가는 길 : 지하철 이용시** 분당선 미금역 3번출구에서 하차하여 버스 51, 77-1, 720-2, 33-1 등 이마트로 가는 버스를 타고 한국토지주택공사 앞에서 하차
   경부고속도로 이용시 판교 IC에서 나와 성남자동차등록소를 지나 성남~수원간 도로를 따라 수원쪽 방향의 미금역에서 이마트 방향으로 오시면 토지주택공사가 보인다.
◆ **토지주택박물관** 주소 : 경기도 성남시 분당구 돌마로 94번지
◆ 전화 : **031-738-8294**, 홈페이지 http://museum.lh.or.kr

한국의 특수박물관
하회세계탈박물관

탈난 것을
막아주는
탈

우리 속담에 '죽은 놈이 탈 없으랴'라는 말은 어떤 재앙이라도 다 이유가 있다는 뜻이다. 생활 속에서 흔히 쓰이는 앙탈, 속탈, 배탈, 뒤탈, 까탈이라는 용어들의 탈이라는 의미가 언제부터 어떤 이유로 쓰였는지 정확하지는 않지만, 사람이 살아가는데 장애요소가 되는 것을 탈이라고 표현한 것이다.

이토록 사람에게 질병과 나쁜 잡신을 포함해서 자기의 행복, 희망을 방해하는 것 등의 '탈이 난 것'을 사람의 머리에 쓰는 '탈'로써 막아왔다.

경북 안동 하회마을 입구에 위치한 '하회세계탈박물관'에 가면 국내의 탈뿐만 아니라 세계 여러 나라의 다양한 탈을 볼 수 있다.

지난 2010년 5월 27일 하회세계탈박물관으로 새롭게 개장한 이 박물관의 김동표 관장은 본래 탈을 전문으로 제작해온 장인으로 미국의 백악관박물관에 하회탈을 기증하였으며 각국에서 탈 전시를 개최해오고 있다. 또한 하회별신굿 탈놀이의 각시역 이수자로 공연활동도 함께 해오고 있다.

그야말로 탈을 만들고, 탈을 쓰고, 탈을 쫓고, 탈을 모으는 등 탈 인생을 살아가고 있다. 1995년에 하회동탈박물관을 설립하여 유지해오고 있었는데, 60여 개국 150여개 단체로 구성된 세계탈문화예술연맹이 안동에 본부가 들어서고 시에서 안동국제탈춤페스티벌의 세계화와 세계 탈문화예술도시 안동의 위상을 드높이기 위한 방안으로 박물관을 세계적인 탈박물관으로 리모델링하여 새롭게 열게 된 것이다.

총면적 90평인 박물관은 다섯 개의 전시실로 구분되어 있는데, 1전시실은 한국관으로 중요무형문화재로 등록된 13종류의 탈과 지방문화재 2종류의 탈 등 총 200여 점이 전시되어 있다.

제2전시실과 3전시실은 아시아관으로 중국의 나희가면과 벽사가면, 일본의 노가면, 태국의 콘가면, 인도의 쵸우가면, 몽골의 챰가면 등 아시아 지역의 탈이 전시되어 있다. 아시아 지역의 탈은 주로 신화나 종교, 무속의식, 전설을 바탕으로 만들어진 탈이 많다.

제4~5전시실은 세계관으로 아시아 지역을 제외한 유럽과 아메리카, 아프리카 등의 특색 있는 탈들이 전시되어 있다. 아프리카 일대의 주술용 탈과 벽사용 탈, 의식용 탈을 비롯하여 카니발과 같은 가면무도회, 축제용 가면, 부족의 조상가면과 주술가면 등이 아시아의 가면과는 색다른 면모를 보여주고 있다.

탈의 역사는 인류와 함께 해왔다고 할 수 있다. 원시시대에는 수렵을 위한 위장물로 또는 무서운 짐승으로부터 자신을 보호하기 위한 도구로 사용했을 것이다. 그러다가 부족국가 시대에 여러 가지 종교의식에서 신령, 악귀, 요괴, 동물 등으로 가장하여 주술을 행할 때 탈을 사용하였다. 탈은 첫째, 외적이나 악령을 위협하기 위해서 사용했고, 둘

째로 신의 존재를 표시하기 위하여, 그리고 셋째, 죽은 사람을 숭배하고 죽은 사람과 비슷하게 만들기 위하여, 넷째 토테미즘의 신앙에서 여러 가지 동물로 가장하기 위해 사용되었다.

아직까지 우리나라에서 발견된 최초의 탈로 보고 있는 것은 기원전 5천년쯤인 신석기시대의 것으로 추정하고 있는데 두 개의 눈과 큰 입을 상징하는 구멍이 뚫린 조개껍질로 만든 탈이다. 그리고 강원도 양구에서 출토된 신석기시대의 토면(土面)과 6세기경의 것으로 추측되는 나무로 만들어 옻칠을 한 탈이 발견되었다. 이후로 고구려 고분벽화에 외국인 모습의 탈을 쓰고 춤을 추는 무악도에서도 탈을 볼 수가 있다.

요즈음 흔히 페스티벌이나 연극에서는 탈이라기보다 가면이라고 하지만

세계 공통어로는 마스크(mask)라는 말이 일반적이다.

각 나라마다 고유의 특색 있는 가면이 있지만 가면의 종류를 보면 10여 가지로 구분할 수 있다. 수렵가면, 토템가면, 신성가면, 벽사(辟邪)가면, 의술가면, 영혼가면, 장례가면, 추억가면, 전쟁가면, 예능가면 등이다. 이외에도 아프리카 여러 종족 및 아메리카 인디언들이 성인식에 사용하는 가면과 성인식을 치르고 곧장 비밀결사에 입단하게 되는데 입단식에도 가면이 사용된다.

특히 벽사가면은 재앙과 질병의 원인이 되는 사악한 기운이나 악귀를 내쫓는다 해서 액막이가면이라고도 하는데 신라의 처용은 역신을 퇴치하는데 가면을 사용했으며, 그 가면은 피나무나 옻칠한 모시베로 만들어 붉은색을 칠하고 머리에는 복숭아 열매가 달린 복숭아 가지와 모란꽃이 장식된 모자를 쓰고 귀에는 납구슬을 주석고리에 꿰어달고 선과 악을 모두 포용하는 모습으로 웃는 형상이다.

그리고 장례가면하면 떠오르는 게 BC 14세기 이집트왕 투탕카멘의 황금가

면이다. 가면의 화려함과 예술적 가치는 놀라울 정도이다. 장례가면은 영혼 불멸설에 의해 인간이 다시 살아난다고 믿는 관념과 영혼에 있어서 영원한 보호자 또는 피난처가 된다는 생각에서 죽은 자의 얼굴에 또는 분묘 내벽에 거는 가면이 있다.

　페루인의 미라에 씌워진 목각가면, 마야문명을 계승한 아스테족 사이에서 행해졌던 장례용 목각가면, 그리고 멕시코에서는 BC 300년대에 국왕의 시신에 씌운 가면으로 터키석의 석조가면에 빨간 조개껍데기로 모자이크한 예술성이 높은 가면이다. 뉴기니·뉴질랜드 등에서는 시신의 머리에 채색하거나 진흙으로 데드마스크를 만들어 안면을 덮어 보존하는 습관이 있다.

　우리나라에서 죽은 사람을 숭배하고 신성시 했던 문헌상의 기록을 보면, 신라시대 화랑 관창의 탈과 고려의 개국공신 신숭겸, 김락 등의 탈이다. 그리고 고려 태조 왕건은 팔관회를 열고 신숭겸과 김락의 가상(假像)을 만들어 열석(列席)시켰다.

우리나라 가면 즉 탈은 크게 신성탈과 예능탈로 분류된다. 첫 번째 신성탈은 목심칠면, 장군탈, 문자탈, 청계씨, 목광대, 방상씨, 십이지탈, 장승 등이 있다. 특징으로는 눈이 네 개이거나 마름모 모양으로 사방 팔방 아무 방위나 잘 볼 수 있도록 되어 있다. 부락의 수호신도 신성탈의 범주로 볼 수 있다.

두 번째, 예능탈은 고성오광대탈, 통영오광대, 가산오광대, 양주별산대, 송파산대, 마산·진주오광대, 봉산탈춤, 은율탈춤, 강령탈춤, 동래야류, 수영야류 등이 이에 해당된다. 그리고 제의적인 요소가 있는 탈로는 하회별신굿과 강릉의 가면극이 있다.

그리고 다른 나라의 탈은 주재료로 나무를 사용하지만, 우리나라 탈은 옛날에는 나무를 사용하였으나 바가지나 종이로 바뀌었다. 그리고 공연을 마치면 불태워 없앴다. 하회탈만 유일하게 나무탈로 800여년 동안 전해져 오고 있다. 특히 하회탈은 턱이 따로 끈으로 이어져 있어 움직이는 탈이라는 특색이 있다.

　본래 탈이 잡귀뿐만 아니라 조상신까지 쫓는다 하여 집안에 두기를 꺼려했고 탈을 쓴 자는 제사에도 참여할 수 없어 현전하는 가면극은 본래 비직업적인 반농반예(半農半藝)의 연희자들에 의해 이어져 왔다. 주로 이속이라는 관서의 말단직이나 무당서방이 주도하던 고장이 많았다. 연희자들은 주로 남자였는데 일제시대에 기생들이 참가한 뒤부터 봉산탈춤 같은 경우 상좌나 소무역을 여자가 맡게 되었다.

　탈의 색은 붉은색, 검은색, 푸른색, 노란색 또는 갈색이나 흰색 등 오방색을 주로 쓴다. 색이 갖는 의미도 민간신앙적인 면에서 설명되기도 한다. 붉은색은 생산의 계절인 여름을 나타내며 남쪽을 뜻한다. 그래서 늙은이 탈은 검은색이고 젊은이탈은 붉은 색이다. 부녀와 각시탈은 주황색을 칠한다. 붉고 짙은 색의 탈은 저돌적이고 공격적인 성격을 나타내고, 누렇고 옅은 색은 바보스럽고 무능한 인물의 성격을, 검고 어두운 색깔은 찌들리고 소외당한 성격을 나타낸다. 고성오광대의 홍백양반탈은 인물의 이중성을 나타내기 위해 얼굴 좌우에 붉은색과 흰색을 칠한다.

대체로 탈의 형태를 보면, 인물의 형상을 사실적으로 그럴듯하게 만들어 놓고 극중 행동을 통해 어긋난 면을 폭로하는가 하면 처음부터 인물의 부정적인 성격을 형상화 하여 풍자의 대상으로 삼는 경우가 있다.

하회탈의 양반은 멀쩡하게 생겼는데도 병신짓을 하고 병신처럼 생긴 초랭이는 사람구실을 제대로 한다. 그리고 고려시대의 탈인 하회의 중탈은 색상이 밝고 능청스런 웃음을 띤 모습이나 국교가 유교로 넘어간 조선시대의 중탈은 어둡고 찌든 울상이다.

하회세계탈박물관에서는 이러한 탈의 역사와 특징을 살펴볼 수 있을 뿐만 아니라 우리나라 중요무형문화재로 지정된 각 지역의 탈춤과 놀이에 사용되는 다양한 탈을 볼 수 있다. 또한 세계 각국의 신기한 탈의 형태를 통해 그 나라의 풍습과 문화를 배우게 된다.

그동안 탈이 인류에게 위안을 주고 풍자와 해학을 통해 웃음을 주었듯이 세계 탈문화예술의 도시 안동에서 국제탈춤페스티벌과 함께 발전되리라 본다.

●●● **하회세계탈박물관 이용 안내**
◆ **휴관일**은 설날 및 추석, 관람시간은 오전 9시반 ～ 오후 6시까지이며
　입장료는 성인 2,000원, 청소년 1,500원, 경노우대 1,500원, 단체는 500원 할인된다.
◆ **버스 이용** : 안동시내에서 하회마을행 46번 버스 이용
◆ **고속도로** : 중앙고속도로 서안동IC에서 나와 예천 방향으로 오시다 보면 하회마을 표지판이 보임
◆ 하회세계탈박물관 주소 : 경북 안동시 풍천면 하회리 287번지
◆ 전화 : **054) 853- 2288, 2938,** 홈페이지 http://www. mask.kr

한국의 특수박물관
대가야박물관

삼국시대의
변방국이었던
가야의
독특한 문화

　　대구에서 광주로 이어지는 88고속도로를 타고 경북 고령 쪽을 지나다 보면 높은 산의 능선을 타고 엄청나게 큰 무덤들이 줄줄이 이어져 있는 모습을 볼 수 있다. 바로 이러한 무덤들이 대가야가 성장하기 시작한 서기 400년경부터 멸망한 562년 사이에 만들어진 대가야 왕들의 무덤이다.

　　이 곳을 지산리고분군이라 하는데 우리나라 최초로 발굴된 순장묘인 지산리 44호와 45호 무덤을 비롯하여 주변에 왕족과 귀족들의 무덤이라고 생각되는 크고 작은 200여 기의 무덤이 줄지어 능선을 타고 이어져 있다. 이러한 고분에서 대가야의 독특한 토기와 철기, 말갈춤을 비롯하여 왕이 쓰던 금동관과 금귀걸이 등 화려한 가야시대의 장신구들이 출토되었다.

　　경북 고령에 있는 대가야박물관은 크게 세 개의 전시관으로 이루어져 있다. 대가야 및 고령지역의 역사를 한 눈에 알 수 있도록 구석기시대부터 근대에 이르는 역사와 문화에 대한 자료와 유물을 전시하고 있는 대가야역사관과 국내에서 최초로 확인된 대규모의 순장무덤인 지산리 44호분의 내부를 원래 모습 그대로 재현해 놓은 대가야왕릉전시관 그리고 대가야 출신으로 가야금

을 창제한 악성 우륵과 관련된 자료를 발굴, 수집해놓은 우륵박물관이다.

　대가야 왕릉이 모여 있는 산의 중턱에 자리한 대가야역사관은 2층으로 구성된 전시실로 석기시대의 생활사를 비롯하여 대가야의 탄생과 멸망 그리고 근세에 이르기까지 고령지방의 문화와 생활사를 유물과 기록자료로 보여주고 있다.

　특히 대가야 시대의 각종 토기들과 왕의 무덤에서 출토된 금동관, 금귀걸이 등을 통해 가야시대의 독특하고 화려한 예술성을 느껴볼 수 있다.

　가야국 성립에 대해서는 다양한 설이 있지만,《삼국지》《동이전》에 나오는 변한 12국에서 발전하였다는 설로 서기 전 1세기 경 낙동강 유역에 세형동검 관련 청동기 및 초기 철기문화가 유입되면서 가야문화의 기반이 성립되었다. 서기 2~3세기경에는 12개의 변한 소국들이 성립되었으며 그 중에 김해의 금관가야를 중심으로 전기 가야연맹체를 이뤘고 4세기 말에서 5세기 초에 몰락하면서 5세기 중엽에 고령의 대가야국을 중심으로 후기 가야연맹체를 이뤘다.

　그러나 532년에 김해의 금관가야가 멸망하고 562년에 고령의 대가야국이 신라에 멸망함으로써 가야제국들이 신라에 병합되고 말았다.

　가야가 700년 이상 지속되면서 신라와 대등하게 발전하였는데 멸망할 수밖에 없었던 이유는 첫째로 가야지역의 소국들이 농업 및 해운의 입지조건이 서로 대등한 상태이며 비교적 고른 문화를 형성하고 있어 그 중 어느 한 나라가 결정적으로 탁월해지는 것을 서로 견제하는 역할을 하였고, 둘째로

는 4세기경 고구려의 세력이 낙동강 유역까지 미치면서 가야가 발전할 수 있는 맥을 한동안 끊었으며, 셋째 가야는 주변의 백제나 신라에 비하여 주변 소국들을 통합하여 중앙집권 체제를 이루지 못해 대외관계가 취약하였고, 넷째로는 가야가 철의 생산능력으로 우월성을 유지했으나 왜국이 철광산 개발에 성공하고 백제가 왜국과 직접 교류를 하면서 상대적으로 왜국에 대한 가야의 우월성이 약해지면서 멸망하게 된 것이다.

대가야역사관에서 가장 많은 부분을 차지하고 있는 토기는 어느 지역보다 형태가 특이하다. 대가야는 서기 300년대 이후부터 다른 지역과 구별되는 모양의 토기를 만들었다. 대가야시대의 가마터가 3곳에서 발견되었고 고려시대를 거쳐 조선시대의 분청자와 백자를 생산하였던 가마터들이 곳곳에서 발견됨으로써 고령은 토기 생산의 주요지였다는 것을 알 수 있다.

토기는 시대와 지역에 따라 특성이 있지만 고령을 비롯하여 대가야가 차지했던 영토에는 신라나 백제와 구별되는 토기들이 출토된다. 굽다리접시, 긴목항아리, 그릇받침 등으로 대표되는 대가야식 토기는 부드러운 곡선미와 풍만한 안정감이 특징이다. 굽다리접시는 접시가 납작하고 팔(八)자 모양으로 벌어지는 굽다리에는 좁고 긴 사각형 구멍이 일렬로 뚫려 있다. 긴목항아리는 긴 목이 부드럽게 좁아들어 몸체부분과 S자형 곡선을 이루며 여러 겹의 정밀한 물결무늬가 그려져 있다. 그리고 바리모양의 그릇받침은 바닥이 넓고 깊은 몸체에 여러 겹의 물결무늬와 솔잎모양의 무늬가 새겨져 있다.

대가야의 토기는 질감이 투박하면서도 안정감이 있고 받침형 토기들이 많다는 데서 특색을 찾아볼 수 있다. 이러한 대가야의 토기는 합천 북부지역을 지나 거창, 함양, 전북 남원까지 세력을 미쳤고 아래로는 지리산 주변과 진주, 고성, 하동까지 대가야 토기가 발견됨으로써 대가야국의 영역이 전성기에는 오늘날 경상남도와 전라남도 및 전라북도의 일부까지 세력을 넓혔음을 알 수 있다. 또한 대가야의 토기는 바다 건너 일본에까지 전해져 일본 고대 문화 형성에 영향을 주었다.

역사관에서는 고령지방에서 생산된 고려의 분청자, 조선의 백자 등 근세에 이르기까지 만들어진 자기를 비롯하여 가마터에서 출토된 유물들 그리고

도자기의 생산과정을 상세하게 보여주고 있다.

이외에도 대가야역사관을 화려하게 만드는 금관과 금동 역시 형태가 독특하다. 신라의 관이 나뭇가지와 사슴뿔모양인데 반해 대가야의 관은 풀잎이나 꽃잎모양이다.

지산리 30호분에서 출토된 금동관은 띠모양의 관테 위에 광배모양의 금동판을 세우고 좌우에 끝이 양파모양인 가지를 세워 붙였다. 그리고 달랑거리는 동그란 장식을 곳곳에 달았는데 이 관테는 어린아이의 이마에 두를 수 있을 정도로 길이가 짧은 걸로 보아 어린 나이에 죽은 왕자의 혼이 깃든 금동관이다.

대가야를 비롯한 가야는 국력을 키우는데 철의 생산 및 제조기술이 큰 몫을 했다. 가야는 일찍부터 풍부한 철광산을 소유하고 이를 개발하여 낙랑이나 백제 등으로부터 물물교환을 하였다. 왜국은 3~5세기까지 대부분의 철소재를 가야지역에서 얻어다 쓰고 있었으나 5세기 말 이후에는 철광산 개발에 성공하였다.

역사관에 모형으로 제작된 철의 생산 모습을 보면 철광산에서 철광석을 캐와 잘게 부수고 불을 지피기 위한 숯을 마련한다. 진흙을 이겨 제철로를 만들고 준비해둔 철광석과 숯을 함께 넣고 불을 1,000℃ 이상 지피면 철광석이 녹으면서 쇠는 바닥에 고이고 쇠찌꺼기는 흘러나온다.

이러한 쇠를 이용하여 농기구나 무기를 만들어 사용하였다. 전시장에는 제철유적지에서 발견된 쇠찌꺼기를 비롯하여 덩이쇠, 쇠창, 쇠화살촉, 갑옷과 투구, 말 장신구 등이 있다.

대가야역사관을 바라보고 왼쪽으로 산의 능선을 올라가면 고분들이 줄지어 있다. 지산리 44호고분의 내부를 실물 크기 그대로 재현해 놓은 대가야왕릉전시관이 있다. 무덤의 구조와 축조방식, 주인공과 순장자들의 매장모습,

껴묻거리의 종류와 성격 등을 살펴볼 수 있다.

사적 제79호로 지정되어 있는 지산리44호분은 주산 구릉의 맨꼭대기에 열지어 늘어선 5기의 대형분 중에서 남쪽으로 약간 떨어져 위치해 있다. 이 고분은 지름이 27m, 높이 6m의 규모로서 안에는 3개의 대형돌방과 32개의 소형 순장돌덧널이 들어 있다.

출토유물로는 금귀걸이, 손잡이달린 잔, 긴목항아리, 굽다리접시, 손잡이항아리, 등잔, 금동그릇, 야광조개국자 등등이다.

이 고분에 순장된 사람만 해도 약 40명에 이를 것으로 보고 있다. 순장이란, 어떤 사람이 죽었을 때 그를 위해 살아있는 사람이나 동물을 죽여 함께 매장하는 장례행위를 말한다. 고분의 순장 유형은 으뜸돌방과 딸린돌방의 순장인데 으뜸돌방의 순장자는 생전에 무덤 주인공을 가까이 모시던 사람으로 추정되고 딸린돌방의 순장자는 무덤 주인공이 사후에 사용할 물품을 관리하는 역할을 담당한 사람으로 여겨진다.

발견된 인골을 통해본 순장의 방식이 여러 가지인데 30대 남녀가 서로 반대로 몸을 겹쳐 누워있는 모습이거나 10대 소녀 2명이 나란히 몸을 편채 누워있고, 30대 남성의 위에 8세 여아가 누워있는 모습의 순장형태도 있다.

대가야박물관의 또 하나 전시관인 우륵박물관은 대가야역사관에서 좀 떨어진 고령읍 가야금길에 있다. 우리나라 3대 악성(우륵, 박연, 왕산악)의 한 분인 우륵은 대가야에서 출생하여 이곳에서 가야금을 창제하였다고 한다. 우륵박물관은 우륵이 살았던 대가야 주변정세와 문화를 소개하고 가야금의 제작과 가야금 12곡을 만들게 되기까지의 가야금에 얽힌 이야기들을 소개하고 있다.

《삼국사기》에 의하면 대가야의 가실왕이 중국악기를 참조하여 열두 달의 음률을 본 떠 12현금을 만들고 가야의 지방색을 반영한 12곡을 지었다고 한다. 그러나 현재 곡 이름만 전해오고 악보는 알 수가 없다고 한다.

그리고 거문고, 아쟁, 피리, 해금, 단소 등 우리나라 전통악기와 가야금의 변천사를 실제의 가야금 모습과 기록자료를 토대로 보여주고 있다.

700년의 역사를 가진 가야국의 토기문화와 철기제조기술 그리고 순장문화를 살펴볼 수 있는 대가야박물관은 삼국시대에서 소외되어 왔지만 이제 재조명해 볼 필요가 있다.

● ● ● **대가야박물관 이용 안내**

◆ **매주 월요일은 휴관일**이며 3월부터 10월까진 오전 9시 ~ 오후 6시까지 개관하며,
  11월부터 2월까지는 오전 9시 ~ 오후 5시까지 개관한다.
◆ **오시는 길**은 : 승용차로 88고속도로 고령IC에서 나와 가야대학교와 고령군청 방향으로 오시다 보면
  대가야역사테마관광지가 보이는데 건너편이 박물관이다.
◆ 대가야박물관 주소 : 경북 고령군 고령읍 대가야로 1203
◆ 전화 : 054-950-6065, 6071 홈페이지 http://www.daegaya.net

한국의 특수박물관
상주자전거박물관

사람의 힘을
필요로 하는
교통수단

과거에 자전거가 유행했던 때가 있었다. 그런데 점진적으로 자동차가 늘어나고 도로망이 차를 중심으로 개선되면서 자전거를 타는 인구가 줄어들었다. 최근 들어 저탄소 녹색성장이라는 정부 정책에 따라 지방자치단체들이 자전거도로를 개설하고 자전거를 보급하면서 늘어나고는 있지만 아직도 우리나라는 자전거 보급률이 12%에 불과하다.

경상북도 상주시는 전통적으로 부농이 많아 풍요를 누렸던 지역이라 일찍이 1910년경부터 자전거가 보급되기 시작하였고 1925년부터 조선팔도 자전차대회가 열릴 만큼 자전거 이용이 활발했던 지역이다.

상주시는 자전거 도로와 보관대를 설치하고 보도턱을 낮추는 등 자전거 인프라 구축에 힘쓴 결과 현재 가구당 3.4대로 총 85,000대를 보유하고 있으며 교통분담율이 21%에 이르는 전국 제일의 자전거 도시가 되었다.

이러한 상주시는 매년 자전거 관련 전국대회를 비롯하여 축제도 개최하고 있지만, 2002년 10월 26일 전국 최초로 자전거박물관을 건립하였고 현재는 상주보 설치로 물이 풍성하고 최적의 유원지로 탈바꿈한 도남동의 낙동강변으로 이전하여 주말이면 관람객들로 붐비고 있다.

상주자전거박물관에는 이색자전거 60여 종을 비롯하여 우리나라 자전거의 변천사, 자전거체험관과 4D영상관을 갖추고 있다. 또한 야외에서는 자전거를 대여하여 자전거길을 따라 낙동강변을 둘러볼 수 있어 가족나들이객이 많이 찾고 있다.

전시장 안에는 세계 최초의 자전거라는 '드라이지네'는 바퀴와 핸들, 차체까지 모두 목재로 만들어졌으며 페달이 없고 양 발로 땅을 차며 나가도록 되어 있다. 그 이후에 발명된 페달이 있는 맥 밀런의 자전거를 비롯하여 우리나라 우편배달부 자전거, 막걸리통을 배달하는 자전거 등 다양한 자전거를 구경할 수 있다.

두 바퀴로 굴러가는 자전거의 역사는 바퀴가 처음 만들어졌던 기원전 4500년 수메르 지역에서부터 출발한다는 설도 있으나, 1791년 프랑스 귀족 콩드 메데 드 시브락(Conte Mede de Sivrac)이 두 개의 나무바퀴가 달린 목마에 올라타서 발로 땅을 번갈아 밀면서 파리의 팔레 루아얄 정원에 나타났는데 19세기의 역사가들은 이 목마를 최초의 자전거라고 기록하고 있다.

시브락의 이 목마를 셀레리페르라고 하는데 이것은 빨리 달리는 기계라는 뜻이다. 셀레리페르는 말, 사자, 인어 등 여러 가지 모양으로 만들었는데 외형이 예쁘다. 한 가지 단점은 앞바퀴가 좌우로 움직여지지 않아 방향을 바꿀 수 없다는 것이다.

이후 1818년에 독일 장교 칼 폰 드라이스가 목재 자전거의 앞바퀴를 좌우로 회전할 수 있는 핸들을 장착한 드라이지네를 발명하였다. 당시 사람들은 기계가 사람보다 빠를까 의문시했지만 드라이스는 자신이 발명한 자전거를 가지고 시속 12마일로 달려 세상을 놀라게 했다.

1930년 프랑스 우체국 관리가 정부를 설득하여 시골의 우편배달부가 드라

이지네를 탈 수 있도록 하였다. 그러나 드라이지네는 겨울철이면 빙판에서 거추장스런 물건으로 사고의 위험이 높았다. 따라서 자전거의 발차기 방식이 개선되어야만 자전거 구실을 할 수 있다는 생각이 50년이나 지나서 1861년 프랑스의 마차 수리공 피에르 미쇼와 아들 에르네스 미쇼가 자전거 페달을 발명함으로써 본격적으로 자전거라는 이름이 등장했다.

자전거 생산공장 미쇼사에는 주문이 쇄도하고 프랑스 전역에 귀족들의 자전거 타는 모습은 우아함을 더해주었다. 미쇼사가 번창하면서 콤파니 파리지엔느로 회사 이름을 바꿨지만, 자전거산업을 일으키는데 선구적인 역할을 하였다.

이후 자전거는 앞으로 나가는 속도를 높이기 위해 앞바퀴를 최대한 키우고 뒷바퀴는 작은 형태로 변했다. 경주용 자전거의 앞바퀴가 무려 60인치까지 커지기도 했다. 이러한 자전거는 하이휠자전거라고 불렸는데 앞바퀴가 커질

수록 자전거가 높아져 안전문제가 취약했다.

자전거에서 굴러 떨어질 경우 큰 부상을 입을 수 있었다. 그래서 고안된 자전거가 앞쪽 바퀴가 작고 뒤쪽 두 개의 바퀴가 큰 세 바퀴 자전거이다. 세 바퀴자전거는 여성들에게 인기가 높았다.

영국의 빅토리아 여왕이 마차를 타고 가고 있는 중에 마차 앞에서 어떤 여성이 세 바퀴 자전거인 트라이시클을 타고 달렸다. 여성은 여왕의 마차가 오는 것을 보고 힘껏 속력을 내어 사라졌다. 이에 여왕은 신기하게 여겨 그 여성이 타는 기계가 무엇인지, 그 여성이 누구인지를 알아보도록 하여 결국 그 여성은 여왕 앞에서 트라이시클을 타는 시범을 보이게 되었다. 여왕이 트라이시클을 구입하게 됨으로써 영국 상류층 사이에서 인기를 끌게 되었다.

1885년에는 영국의 존 캠프 스탈리가 오늘날과 같은 세이프티 자전거를 만들었다. 앞바퀴와 뒷바퀴의 크기가 같고 타이어가 달려 있으며 체인구동방식으로 작동하는 현대식 자전거이다. 이때만 해도 바퀴에 고무타이어를 부착한 형태였다.

그러나 3년 후에는 스코틀랜드의 존 보이드 던롭이 공기를 주입한 타이어를 발명함으로써 충격을 줄여주는 안전한 자전거가 만들어질 수 있었다. 이토록 자전거의 역사는 유럽에서 시작하여 발전을 거듭해왔기에 오늘날 세계 곳곳에서 교통수단이자 레저용, 경기용 등으로 다양하게 활용되고 있다.

우리나라의 자전거 역사를 살펴보면, 1896년 서재필 박사가 들여와 독립문 신축현장을 갈 때 처음 탔다는 설과 고희성이라는 사람이 처음 탔다는 설, 그리고 개화기에 선교사들이 들여왔다는 설이 있다.

1903년에는 조정의 관리들을 위해 100대의 자전거를 도입했다고 한다. 1905년 12월에 제정, 실시한 가로관리규칙(街路管理規則)에는 "야간에 등화 없이 자전거를 타는 것을 금한다"라는 조문까지 있는 걸로 보아 자전거를 타는 사람들이 많았으리라 본다.

1910년대에 자전거 한 대 값이 약 30원으로 당시 쌀 한 가마니가 3원이었으므로 10가마니의 가격이었다. 요즈음은 자전거 가격이 십만 원대부터 수천만 원에 이르는 고급자전거도 있으니 자전거 시장이 얼마나 발달하였는가 짐작할 수 있다.

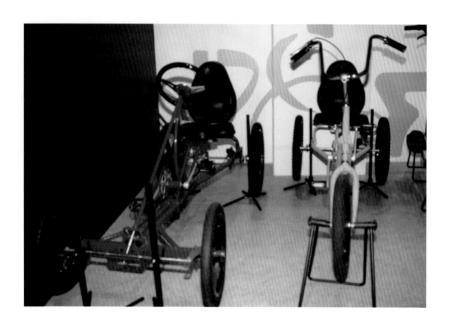

우리나라 자전거 역사에서 빼놓을 수 없는 인물은 엄복동 선수다. 일제치하에서 희망이라곤 찾아볼 수 없는 암울한 시대에 조선인의 기를 꺾기 위해 국내외 대회에 정략적으로 내보낸 일본인 선수를 제치고 우승을 안겨주었던 엄복동 선수는 민족의 자존심과 희망을 불러일으켜 준 인물이다.

1920년 5월 2일 경복궁에서 열린 시민대운동회의 자전거경기에서 엄복동이 마지막 40바퀴를 다 돌고 경쟁자였던 일본인은 몇 바퀴가 남았는데도 주최측이 갑자기 경기를 중단시켰다. 이에 분개한 엄복동 선수가 본부석으로 달려가 우승기를 찢어버리자 일본인들이 그를 구타한데 분개한 관중들이 들고 일어났던 사건도 있었다.

제2차 세계대전 막바지에 일제는 휘발유 등 자동차 연료가 부족하자 목탄이나 카바이트로 대용하기도 했고 자전거에 트레일러를 이어붙이고 사람을

실어나르기도 했는데, 이런 우스꽝스런 자전거를 인동차(人動車)라 부르며 비웃었다.

국내 자전거 제조는 1950년대까지만 해도 부품제작 과정에 머물렀지만 그이후 대량생산 체계가 이뤄지고 80년대에는 주요 자전거 생산국으로 수출까지 하게 되었다.

최근 고급 자전거에는 미국 나사(NASA)에서 개발했다는 합금을 사용하거나 신소재물이 사용되고 있어 가볍고 강하고 오래 가기 때문에 가격이 고급승용차 가격과도 맞먹는다고 한다.

상주자전거박물관에서 눈에 띄는 자전거는 1810년대 독일의 드라이지네다. 목마에 바퀴를 부착하였고 페달이 없는 게 특징이다. 그리고 2004년에 미국에서 제작된 3인승 자전거로 앞바퀴가 16인치, 뒷바퀴가 48인치로 4륜자전거인데 성인 3명이 동시에 탈 수 있는 자전거이다.

그리고 1871년 영국의 제임스 스탈리가 처음 만든 앞바퀴가 큰 오디너리, 1954년에 이탈리아가 만든 경기용 자전거 꼴라고를 비롯하여 산악자전거, 여성용자전거, BMX자전거, 이동용자전거 등등 다양한 형태의 자전거를 볼 수 있다.

편리한 교통수단으로 활용하기 위해 시작된 자전거가 형태나 색깔을 비롯한 디자인면에서도 예술성을 간직하고 있어 자전거 박물관에 들어서면 마치 설치 미술관에 들어선 기분이 든다.

지구의 기후변화와 자원고갈이라는 두 개의 문제를 해결하기 위한 노력의 하나로 자전거 타기운동은 선택이 아니라 필수라는 생각을 갖게 한다. 자전거가 이산화탄소를 내뿜지 않고 사람의 건강에도 도움이 되고 느림의 미학이라는 여유를 느껴볼 수 있는 생활의 필수품이 되는 날이 다가오고 있다고 본다.

●●● **상주자전거박물관**

◆ **휴관일**은 1월 1일, 매주 월요일이며 **관람시간**은 오전 9시~오후 6시까지이며
  체험자전거 대여시간은 하절기에는 오후 5시 반, 동절기에는 오후 5시까지이다.
◆ **고속도로이용** : 서울출발의 경우 중부내륙고속국도의 상주 IC를 나와 병성천 병성교를 지나서
  표지판을 따라감. 경부고속도로 이용시 청원JC에서 청원 · 상주간고속국도를 거쳐 남상주IC
  부산 · 대구 출발시는 경부고속국도→김천JC→중부내륙고속국도 남상주IC
  광주 · 전주 출발시는 호남고속국도→청원JC→청원 · 상주간고속국도의 남상주IC를 나와 병성천
  병성교를 지나 표지판을 따라감. 버스가 박물관 근처까지 닿지 않기 때문에 자가용 이용이 편리하다.
◆ **상주자전거박물관 주소** : 경북 상주시 도남동 산 3–4번지
◆ 전화 : 054) 534–4973, 홈페이지 http://museum.sangju.go.kr

한국의 특수박물관
한국등잔박물관

밤을 밝혔던
한 줌
불꽃과 삶

　인류의 3대 발명을 도구, 불, 언어라 한다. 이 가운데 불을 발명함으로써 비로소 자연을 지배하게 되고 인류문명의 발전을 이루게 되었다. 또한 낮으로 제한되었던 활동이 불을 밝힘으로써 밤으로까지 연장되었다.

　요즈음 사람이 사는 곳이면 어디든 전기가 들어가 밤에도 대낮같이 훤하고 전기요금이 싸 빛의 고마움을 모르고 산다. 그러나 과거 우리 조상들이 등잔에 기름을 붓고 심지를 대어 한 아름도 안 되는 불빛 속에서 생활했다는 것을 상상해보자. 얼마나 답답하고 숨이 막혔을까. 그러나 선조들은 그러한 등잔불 아래서도 바느질을 하고 새끼를 꼬거나 짚신을 삼는 등 가사 일을 하거나 독서를 했다.

　선사시대에는 화덕에 불을 피워 열과 빛을 이용하여 추위를 이기고 구워먹는 생활을 하게 되고 사나운 짐승들로부터 습격을 피할 수 있었다. 그러다가 사람의 지혜가 발달하면서 도구를 사용하게 되었는데, 토제등잔이나 목제등잔이 나오게 되었다. 처음에는 송진이나 짐승의 기름 등을 사용하여 등을 밝혔겠지만, 역사가 한참 지난 1876년(고종 13년)경에 일본으로부터 석유가 수

입되면서 등잔문화가 차츰 발달하게 되었다.

이제는 백열등 시대도 지나 훨씬 밝고 시력을 보호하는 형광등시대에 살고 있다. 70년대까지만 해도 전국 농가의 70%가 초가지붕이었고 등잔불이나 호롱불을 밝혔다. 그러다가 새마을운동으로 초가지붕이 없어지면서 밝은 전등불이 등장하게 되었다.

어렸을 때 일이 기억난다. 호롱불의 심지를 높이고 밤늦게까지 시험공부를 하다보면 콧잔등이 새까맣고 코를 풀면 콧물조차도 검었다. 그리고 깜깜한 밤에 호롱불을 넣은 제등을 들고 이웃집을 가다가 바람이 불어 등이 꺼지면 무서워서 되돌아 왔던 기억이 있다.

이러한 과거의 추억들을 회상해 볼 수 있는 곳이 경기도 용인시 모현면 능인리에 있는 한국등잔박물관이다. 1997년 9월에 개관한 이 박물관은 70이 넘은 김형구 관장이 부친과 함께 평생 모은 자료 500여 점으로 꾸며져 있다. 신라와 백제시대의 토기등잔부터 고려시대의 청동촛대, 조선시대의 나무로 만든 다양한 등잔을 볼 수 있다.

1층 전시실은 '생활 속의 등잔'이라는 주제로 꾸며져 있다. 선조들이 살아왔던 방 안의 모습을 재현해 놓았는데 사랑방과 안방, 찬방, 부엌으로 나뉘어 각종 세간들과 등잔이 어우러져 소박한 생활상을 엿볼 수 있다.

사랑방은 바깥영감이 거처하는 곳이다. 이곳은 자녀교육 및 자신의 공부방이기도 하여 책상과 병풍, 문방사우, 서책, 문서함 등이 놓여 있다. 그리고 은입사 무쇠촛대가 중앙에 자리잡고 있다. 무쇠바탕에 '희(囍)'자를 비롯하여 갖가지 문양을 넣은 촛대다. 촛대 기둥 상단부에 육각의 화선(火扇)이 회전할

수 있도록 만들어져 불막이 역할을 하고 있다. 이런 촛대는 사대부 집안의 사랑방에서 사용했던 것이라 한다.

안방은 안주인의 전용공간으로 집안의 제일 안쪽에 자리잡고 있다. 버선장과 문갑을 비롯하여 주부의 애용품들이 화장대 위에 진열되어 있고 자개농이 화려함을 더한다. 화목한 부부생활을 상징하는 화조도(花鳥圖)의 병풍이 벽면을 가리고 있다. 이곳에서 볼 수 있는 나비형 불막이판이 달린 유기촛대는 초를 꽂으면 불빛에 따라 나비모양의 불막이 그림자가 벽면에 어른거렸을 것이다.

찬방은 부엌과 별개의 공간으로 제기(祭器) 등 다양한 식생활 도구들을 보관하는 장소다. 백자항아리, 다식판, 소반, 놋쇠그릇 등이 진열되어 있고 소박한 나무등잔들과 촛농을 받아낼 수 있도록 만들어진 유기촛대도 볼 수 있다.

부엌에는 음식을 조리할 수 있는 기구들과 쌀뒤주 등이 놓여 있고 호롱을 원통의 토기 안에 넣어 바람을 막고 앞쪽만 트인 부엌등과 제주도에서 사용했던 돌코랭이는 기둥같은 화석암의 윗부분에 관솔을 얹혀놓고 태움으로써 빛을 이용한 듯하다.

2층 전시실은 '역사 속의 등잔'과 '아름다움 속의 등잔' 코너로 고대부터 현대에 이르는 등잔의 변천사를 한눈에 볼 수 있도록 진열되어 있다.

우리나라 사람들은 온돌문화 속에서 생활해 왔기 때문에 등잔의 높이도 앉아 있는 사람의 눈높이에 맞추어져 있을 뿐만 아니라 고정되어 있지 않고 어디든 이동할 수 있다. 또한 등잔이 넘어지지 않도록 밑부분이 넓은 형태로

안정적이다.

일반적으로 등잔이라고 불리는 등기는 불을 붙여 어두운 곳을 밝게 하는 등촉기구를 말한다. 등잔은 또 등잔과 등잔받침으로 나누기도 한다. 우리 선조들이 사용한 등잔의 종류를 살펴본다.

먼저 목등잔은 등기구에 있어서 가장 많이 사용되었다. 목등잔은 재질이 나무이다 보니 수명의 한계가 있어 주로 조선 후기의 것들이 남아 있다. 목등잔은 등경(燈檠)과 등가(燈架)로 구분한다. 등경은 등잔을 적당한 높이에 얹도록 한 등대로 등경걸이라고도 부른다. 등경은 중심 기둥에 'ㄱ'자 모양의 잔받침을 만들어 등잔을 올려놓은 형태이며 등가는 중심 기둥 상단부에 등잔을 올려놓은 형태이다.

등가는 석유등잔이 나오면서 보편화되고 밑받침은 홈을 파보통 재떨이로 사용하거나 기름이 흘러내리는 것을 방지하기도 한다. 목등잔은 주로 가정에서 재질이 단단한 나무를 사용하여 쉽게 만들 수 있기 때문에 형태가 다양하고 연꽃같은 장식이나 기둥에 조각을 내기도 한다. 초를 꽂아서 사용할 수 있는 나무촛대 역시 서민적인 정감이 배어 있다.

방자형 유기등잔과 유기촛대는 일반 서민들보다 양반집에서 사용하였다. 촛대는 일상생활용과 의식을 치르는 데 사용하는 종류가 있다. 기본형태는 중심기둥이 대나무형, 염주형, 장구형이고 윗부분에 초를 꽂을 수 있는 촉이 달린 받침접시가 있고 일상생활용 촛대는 불막이가 붙어 있는데 그 형태는 박쥐형, 나비형, 원형, 파초형 등이다.

유기등잔은 고려시대에도 사용했는데 주로 안방에서 사용되었다. 둥근 받침에 몇 단의 걸이용 기둥을 세우고 등잔과 기름받이를 위아래로 걸어서 사용할 수 있도록 하였다. 기름받이는 등잔의 기름이 타면서 떨어지는 찌꺼기를 받아내기 위해 등잔 밑에 설치되어 있다.

도자기등잔은 조선시대 석유를 수입하면서 사용되었다. 석유의 인화성 때

문에 뚜껑에 심지를 박아 사용하였다. 받침과 기둥이 하나의 몸체로 이루어진 백자 서등(書燈)과 유기등잔 그리고 일제시대 때 대량으로 보급된 손잡이가 달린 호영(壺形) 등잔이 있다.

석유가 등장하기 이전에는 종지형 등잔에 호마유나 들기름, 콩기름, 아주까리, 동백기름 심지어 돼지기름, 굳기름(소고기를 끓여서 윗부분에 굳은 기름)을 넣고 심지를 박아 사용했는데 솜이나 삼실, 한지 등을 꼬아서 만들었다.

좌등(坐燈)은 주로 상류사회에서 사용하던 실내 조명기구다. 틀은 주로 나무나 철로 장방형을 만들고 한쪽 혹은 사방으로 여닫이문을 내고 그 내부에 촛대나 석유등잔을 넣어 사용하였다.

제등(提燈)은 밤에 다닐 때나 의·예식에 사용하는 휴대용 조명기구다. 주로 철사, 놋쇠, 대나무 등으로 골격을 짜맞추고 표면에는 한지나 깁(紗)을 발랐다. 제등에는 청사·홍사를 씌운 청사·홍사초롱이 있고 등잔을 넣은 등롱, 초를 넣은 초롱이 있다.

조족등(照足燈)은 그 형태가 박과 같다해서 박등 또는 도적등이라고 하는데 지금의 경찰과 같은 순라꾼들이 밤에 순찰을 돌거나 도적을 잡을 때 사용했다. 박처럼 둥근 형태의 뼈대는 댓가지나 쇠로 만들고 표면에 기름종이를 두툼하게 바르고 밑은 잘라 틔웠다. 위쪽에는 손잡이를 붙이고 등의 내부에는 초를 꽂는 철제의 회전용 돌쩌귀가 있어 등이 흔들려도 촛불이 꺼지지 않는다.

조선 중기로 접어들면서 철제등잔이 만들어졌다. 철제등잔 역시 유기등잔처럼 다양한 무늬와 형태를 취하고 있다. 특히 철제로 만든 괘등은 부엌등이라고도 하는데 부뚜막의 뒤쪽에 놓고 바닥등으로 사용하거나 벽에 걸어서 사용하였다.

이외에도 제2전시실에는 역사를 더 거슬러 올라가 고려시대에 사용했던 청동촛대를 비롯하여 삼국시대에 사용한 토기등잔의 여러 형태를 볼 수 있다.

전시장에서 빼놓을 수 없는 볼거리는 화려한 화초(밀초)다. 이 화초는 표면에 모란꽃이나 용문을 장식한 공예성이 강한 초로 궁중이나 고관대작 외에는 사용할 수 없었다. 조선 초기 화초는 관청의 엄격한 통제하에 사적 매매를 금하고 관혼상제가 있을 경우에만 관청으로부터 배급받아 사용할 정도였다. 지금도 화촉을 밝힌다고 하면 결혼식을 의미하고 신랑신부가 함께 자는 방을 화촉동방(華燭洞房)이라 한다.

한국등잔박물관의 김형구 관장은 "등잔은 지위가 높거나 낮거나, 부유하거나 가난한 사람이거나 그리고 잘났건 못났건 모두에게 희망을 주는 것"이기에 아버지와 함께 등잔을 사랑하게 되고 평생 동안 골동품 가게를 돌아다니며 수집하게 되었다고 한다.

전깃불에 가려 갈 곳 없는 우리 선조들의 유물들이 고스란히 남아 있는 곳, 이곳에서 선조들의 체취가 묻어 있는 등잔들을 보고 있노라면 한 줌 불꽃 속에 피어나는 따뜻한 사랑이 느껴지는 것 같다.

●●● 한국등잔박물관

◆ **휴관일**은 매주 월요일, 화요일이며 관람시간은 4월부터 9월까지는 오전 10시 ~ 오후 5시반, 10월부터 3월까지는 오전 10시~ 오후 5시까지이다.

◆ **관람료**는 대인 4,000원, 중고등학생 2,500원, 노인 및 어린이는 2,500원이며 단체는 대인 3,000원, 중고등학생 2,000원, 노인 및 어린이는 2,000원이며 미취학 어린이는 무료입장이다.

◆ 오시는 길은
　－ **양재발**(1500번, 1500-2, 500-3) : 양재→분당→능골삼거리→에버랜드
　－ **잠실발**(119번, 17-1번) : 잠실→성남→분당→능골삼거리→광주
　－ **수원발**(60번) : 수원→수지면(풍덕천)→대지고개→정몽주 선생묘소→광주(43번국도)
　※ 모현면 능원리 능골삼거리에서 하차, 수원쪽으로 300m,
　포은 정몽주 선생 묘소 입구에서 다리 건너 600m에 위치해 있다.

◆ **한국등잔박물관** 주소 : 경기도 용인시 모현면 능원리 258-9

◆ 전화 : **031) 334-0797**, 홈페이지 http://www.deungjan.or.kr

영혼을
담아내는
아프리카의
미술품

　강원도 영월군은 20여 개에 이르는 미술관, 박물관, 전시관 등을 가지고 있는 지붕 없는 박물관의 도시이다.

　특히 영월의 고씨굴 입구에 자리하고 있는 아프리카미술관은 지구의 반대편에 사는 인류의 원초적인 문화예술을 보여주고 있어 주목받고 있다. 조명행 관장은 오랫동안 아프리카 지역의 주재 대사를 역임하면서 수집했던 자료들을 한데 모아 영월군청에서 부지를 마련해 준 이 자리에 미술관을 설립하게 되었다.

　1층 상설전시장에는 아프리카지역 전통 부족사회의 조각을 전시하고 있으며 2층에는 기획전시실을 비롯하여 문화와 미술에 관한 세미나, 강의, 영상물을 상영하는 특별교육실이 마련되어 있다.

　아프리카 미술품들은 주로 목재, 청동, 토기, 상아 등으로 만들어졌는데 주로 검은색을 띠고 있고 인간과 동물들이 함께 공존하는 강렬한 생명력과 섬세함을 보여준다.

　전시장에서 볼 수 있는 특색 있는 몇 가지 작품들을 살펴보고자 한다. 요루

바(Yoruba) 여인상은 나이지리아 남서부와 베넹공화국에 광범위하게 분포되어 있는 요루바 부족의 여인상을 표현하고 있다. 요루바 부족은 아프리카에서 가장 특출난 미술품을 생산해 내고 있다. 목조각, 청동주물, 구슬, 문 등 나무조각이나 직물을 이용하여 장식품을 비롯해서 다양한 공예품을 제작해 냈다. 이들이 사용하는 나무조각은 주로 종교적 목적에서 사용되기도 하지만 소유자의 권위와 부를 상징하기도 한다.

요루바 여인상은 풍만한 앞가슴과 화려하게 틀어올린 머리, 부족표시의 흉터와 아기를 업고 있는 조각형태가 전형적인 요루바 여인의 모습을 보여주고 있다. 조각이나 그림으로 표현된 아프리카 여인들의 모습은 풍만한 가슴과 엉덩이에 비해 목은 길고 얼굴은 작게 표현되어 있다. 그리고 아기를 업고 있거나 젖을 물리고 있는 모습, 머리에 물건을 이고 있거나 바구니를 안고 있는 모습들이다. 이러한 작품들은 아프리카 여인들이 안고 있는 삶의 고통스러운 일상을 대변해주는 듯하다.

이베이지 쌍둥이 인형은 요루바족이 즐겨 패용하는 인형인데 실은 신성한 이미지를 가진 우상이다. 요루바 부족사회에서의 쌍둥이 출산은 어느 부족보다 많았던 것으로 보이는데 초기의 요루바 사람들은 쌍둥이 출산을 불길하게 여기고, 특히 어머니의 부정과 관계가 있는 것으로 보아 쌍둥이를 죽이는 풍속까지 있었다. 그 후에 전설의 왕 아야카(Ayaka)에 의해서 이런 풍습이 금지되고 어머니의 재출가도 허용되었다.

요루바족은 쌍둥이를 낳게 되면 먼저 죽은 아이와 살아 있는 아이는 끊을 수 없는 영혼을 가지고 있기 때문에 초인적인 힘으로 이 영혼의 결합을 유지시켜 주어야 한다고 믿고 동일한 성의 쌍둥이 인형을 조각하여 품에 지니게 하는 풍습이 있었으며 그렇게 해야만 건강과 행복을 가져오는 것으로 믿었다. 그런데 쌍둥이 인형의 모습이 아이가 아니라 어른의 모습으로 조각한다는 게 독특하다.

야누스 헬멧형 요루바 마스크는 요루바족의 영웅 중 한 사람인 에파(Epa) 신을 기념하는 축제에서 사용된다. 헬멧형을 한 양면 얼굴은 각각 툭 튀어나온 큰 눈과 크게 벌어진 사각형의 입을 가진 흉측한 얼굴상으로 조각되어 있다. 한 면의 얼굴은 생존의 조상을 다른 한 면은 죽은 자의 조상을 상징한다. 또한 머리 위에는 나귀를 타고 있는 영웅병사나 가족 등의 조각을 얹기도 한다. 이러한 헬멧형의 마스크의 무게는 무려 50㎏ 이상 되는 것도 있다. 이것을 쓰고 춤을 추면서 높은 곳에서 뛰어내려도 벗겨지지 않거나 혹은 손상을 입지 않으면 사냥이나 농사가 잘 될 것으로 믿는 풍습이 있다.

불을 뿜는 헬멧형 세누포 마스크는 세누포족이 각종 종교적 의식에 사용하였으며, 마술사나 영혼 탈취자로부터 보호한다는 신비의 신 크포니오(Kponiuo)를 상징한다. 이 마스크는 영양의 뿔, 하이에나의 입과 비쭉 튀어나온 어금니, 카멜레온이나 코뿔새가 이마에 장식되어 있고 입에서는 불을 뿜어대는 모양으로 표현되어 있다. 이 모양은 태초에 사물이 혼돈된 상태를 의미한다.

오론 조상 인물상은 이그보 부족의 오론마을에서 전신의 조상 조각상을 만들어 사당에 모셔두었던 조상 인물상이다. 이 마을 사람들은 조상이 바로 이 조상 조각상을 통해 마을을 찾아온다고 믿기 때문에 300여 년 전부터 많은 조각상을 만들었다고 한다. 그러나 나이지리아 내전(1967년)으로 상당수가 소실되었다. 조각상은 외견상으로 남자인지 여자인지 쉽게 구별하기 어려운 모습을 하고 있으나 틀어 올린 화려한 머리, 입체감 있게 표현한 앞가슴, 두 손에 주술봉을 들고 있는 것이 마을의 무속여인을 조각한 것이라는 추측도 있다.

그리고 도곤 부족이 만든 도곤 기마상은 흑단목을 재료로 사용하고 있는

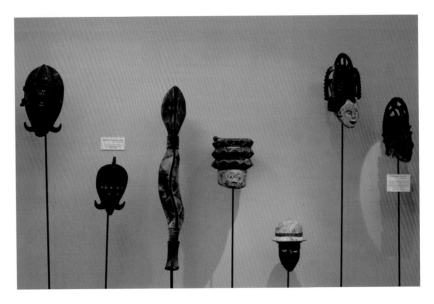

데 검은 투구를 쓴 인물이 말을 타고 있는 모습이다. 그런데 형태를 보면 전체적으로 인물이 크게 표현되어 있고 말은 작게 나타낸 인물 중심의 조각품이다. 도곤 부족은 회교세력의 침략을 피해 사람이 접근하기 힘든 발디아가라지방으로 피신한 역사를 가지고 있다. 이 때 피난지에 거주하면서 죽은 자의 생명력과 영혼의 임시 거처를 마련하기 위해 인간 형상의 조각을 하는 풍습이 있었다고 한다. 이들이 살았던 절벽의 동굴에서 발견된 조각품들 가운데 이러한 기마상이 있다고 한다.

요즈음 들어 우리는 TV를 통해 지구의 허파라고 하는 아마존을 비롯하여 미지의 세계로 알려진 아프리카의 자연환경과 원주민들의 생활상을 보게 되었다.

아프리카 대륙은 지구의 육지 면적 가운데 22%를 차지하고 있고 인구도 9억 명이나 되는 큰 대륙이다. 그리고 유엔 회원국만 해도 53개국이나 되고 부족사회를 유지해나가고 있는 부족들도 수 없이 많다.

아프리카 부족사회에서 동질성을 가진 문화는 토속신앙이다. 샤머니즘을 기본으로 하는 토속신앙은 조상의 영혼을 섬기고 주술, 요술, 점술 등을 통해 다져져 왔다. 이러한 신앙을 기반으로 아프리카 문화는 음악, 무용, 조각 분야 등에서 우수한 예술성을 나타내고 있다. 지역의 의식이나 축제가 행해질 때면 음악에 맞춰 춤추고 노래하고 가면이나 조각품을 만들어 의식에 참여한다.

우리의 조상들도 토속신앙을 중시 여겼다. 큰 고목나무에도 정령이 있고 가정의 부엌에도 조왕신이 있다고 믿었다. 우리가 조상이 죽으면 제사를 지내듯이 그리고 어부들이 바다에 풍어를 빌기 위해 제물을 받치고 풍어제를 하듯 아프리카 부족들도 마을의 평안과 사냥을 위해 의식을 치렀다.

그러한 풍습이 동양과 유사하다는 생각에서 아프리카 미술관에서 보는 조

각품들을 보면 한국의 가면과 죽은 자의 무덤에 함께 넣어주는 토기들이 떠오르며 유사성을 느끼게 한다.

그리고 아프리카의 춤은 전 세계를 휩쓸었던 맘보, 트위스트, 디스코 등의 원류라고 한다. 또한 아프리카의 조각미술도 19세기 후반부터 유럽 전위 미술계와 문단에 소개되었다. 특히 20세기 초 아프리카의 원시조각에 관심을 보인 피카소는 "나는 니그로 조각을 좋아한다. 왜냐하면 그것은 합리적이라고 생각했기 때문이다"하여 아프리카 미술을 수용하여 〈아비뇽의 처녀들〉이라는 작품을 완성하기도 했다.

피카소를 비롯하여 마티스, 아폴리네르, 브류케 등이 아프리카의 조각으로부터 영감을 얻어 입체파와 표현실주의 미술을 완성하기도 했다.

아프리카의 흑인들이 좋아하는 조각재료는 흑단이라는 나무다. 검은 대륙, 검은 피부의 상징성을 나타내듯이 흑단은 검은 빛을 띠며 조직이 치밀하고 물에 가라앉을 정도로 단단하고 무거워 조각 재료로는 최상품이라고 한다.

그들의 조각품을 보면 삶의 고달픔이나 남성과 여성의 역할 등 강조할 부분을 크게 나타내어 비대칭을 이루는 게 대부분이다. 그래서 팔등신인 비너스의 여신상보다 아프리카 여인상에서 풍기는 슬퍼 보이는 모습에 더욱 정감이 간다.

또 한가지 아프리카 조각품의 특징은 왼쪽 지팡이는 산 자를 의미하고 오른쪽 지팡이는 죽은 자를 의미한다. 그리고 산 자는 얼굴이 볼록하게 나와 있지만, 죽은 자는 오목하게 들어가 있고 산 자는 눈, 코, 입이 다 표현되어 있지만 죽은 자는 입이 없다. 죽은 자는 말이 없다는 걸 뜻하는 것이다.

그리고 일부다처제의 아프리카 사회에서 다산을 상징하는 조각품들도 많다. 가슴과 엉덩이를 풍만하게 표현한다든지 임신한 여성, 어머니 곁에 매달려 있는 여러 명의 아이들 모습도 보인다.

짐바브웨의 쇼냐 부족이 조각공동체 '텡게넨게'를 만들어 돌조각을 하는 분야는 제3세계 미술로 현대 조각의 한 흐름을 형성하고 있다. 짐바브웨라는 나라명이 '돌로 지은 집'이라는 뜻을 가지고 있듯이 그들 민족은 기원전부터 자신들이 가지고 있는 영적 세계를 돌에 새겨왔다.

쇼냐의 조각가들은 돌 안에 스며 있는 영혼이 자신을 인도하여 조각을 완성한다고 믿기 때문에 스케치를 하거나 밑그림을 그리지 않고 조각품을 완성시킨다고 한다.

이토록 하나의 조각품에 영혼을 담아내는 아프리카인들의 미술품을 영월의 아프리카미술박물관에서 볼 수 있다는 게 신기하기만 하다. 그러면서 아프리카는 지구촌이라는 공동체 속에서 우리와도 통하고 있다는 것을 느낄 수 있었다.

●●● 아프리카미술박물관 이용 안내

◆ **휴관일**은 매주 월요일이며 **관람시간**은 하절기는 오전 9시 ~ 오후 6시, 동절기는 오전 10시 ~ 오후 5시까지이다.

◆ 관람요금은 유치원 3,000원, 초중고생 4,000원, 일반 5,000원이며 단체는 1,000원 할인되며 2급 이상 장애인은 무료이다.

◆ **오시는 길**은 **버스**는 동서울터미널에서 영월행→영월시외버스터미널 하차→마을버스(김삿갓묘역행)타고 고씨굴 하차

  – **고속버스**는 영동고속도로→남원주IC→중앙고속도로→서재천IC→영월방면(38번 국도)→영월읍내→마을버스(고씨굴)

  – **기차**는 청량리역→영월역 하차→ 마을버스 이용

◆ 아프리카미술박물관 주소 : 강원도 영월군 김삿갓면 진별리 592-3번지

◆ 전화: **033) 372-3229**, 홈페이지 http://ywmuseum.com

느림의
미학이 담긴
다도정신

일제 해방 이후 다방이란 게 생기기 시작했다. 다방은 서양에서 들어온 커피를 비롯하여 우리의 전통차인 인삼차나 쌍화차 외에도 녹차를 마실 수 있는 공간으로 문화예술인들이 주로 드나들었다.

이러한 다방(茶房)의 원조는 고려시대까지 올라간다. 고려시대에 주로 차를 즐겼던 층은 왕실과 승려 그리고 문인들이었다. 궁중에서는 중요한 의식이 있을 때마다 차를 마시는 진다(進茶)의식이 행해졌으며 외국 사신들의 예물로도 차가 이용되었다. 궁중에는 궁중연회나 의식이 있을 때 차에 관한 일을 맡아보던 다방(茶房)이라는 전문기관이 있었다.

그리고 고려 후기에는 일반 백성들도 차를 사거나 마실 수 있는 다점(茶店)이 생겨날 정도로 당시의 차문화가 오늘날과 같이 일상화되었었다.

특히 오늘날 녹차는 신체와 정신건강에 이롭다 하여 다양하게 상품화되어 판매되고 있다. 차는 정신을 맑게 하고 항암효과와 노화예방, 다이어트 효과,

콜레스테롤 억제, 성인병 예방, 살균작용 등 그 효과가 과학적으로 증명됨으로써 먹거나 마시는 식음료는 물론 화장품, 목용용품, 주방용품 등 제품의 종류도 많아졌다.

그러다 보니 녹차 생산지도 늘어나고 있다. 전남지역의 차 재배면적은 2,150㏊로 전국의 53% 이상을 차지하고 있다. 그중 보성이 54%를 차지하고 있다. 우리나라 최대 차 생산지인 보성은 백제시대의 사찰인 대원사와 징광사 터에 자생하는 차나무가 있고 문헌상으로는 조선시대 〈세종실록지리지〉 토공조에 보면 보성의 작설차를 우수한 차로 꼽고 있다.

전국 최대의 차밭이 있고 차문화에 대한 오랜 역사를 가지고 있는 보성군은 이를 계승 발전시키기 위해 2010년 9월 11일 한국차박물관을 개관하였다.

지상 3층 건물로 꾸며진 박물관의 주변에는 다원들이 있어 차밭을 구경하고 제품도 구입할 수 있다.

박물관 1층은 차문화실로 그래픽패널과 영상, 디오라마를 통해 차의 재배에서부터 생산까지 전 과정을 알기 쉽게 보여준다. 2층은 역사실로 차의 발자취를 한눈에 볼 수 있는 공간이다. 시대별 차 도구 전시실로 고려시대의 청자다기와 조선시대의 백자다기 등 형태가 다양하고 계층에 따른 차 도구들의 특색을 살펴 볼 수 있다. 3층은 차의 생활실로 교육 및 체험공간으로 할용되고 있다. 한국·중국·일본·유럽의 차문화를 체험해 볼 수 있다.

이외에도 박물관의 차 제조공방에서는 찻잎을 덖어 차를 만들어 볼 수 있는 체험시설이 완비되어 있다. 한국차박물관은 주변을 통하여 차의 재배 모습부터 제조 및 생산과정을 모두 보고 체험할 수 있는 교육의 장이자 관광명소이기도 하다.

차는 모양에 따라 잎차, 가루차, 고형차로 구분하지만, 차의 발효 정도에 따라 녹차, 청차, 백차, 황차, 흑차로 구분하기도 한다. 이외에도 찻잎을 따

는 시기에 따라 우전, 세작, 중작, 대작이라고도 한다. 마치 찻잎이 참새의 부리와 같다 해서 한자어 '참새 작(雀)' 자를 쓴다.

차의 역사를 거슬러 올라가면 중국의 경우 4~5세기경 양쯔강 유역의 주민들이 애호하기 시작했다고 한다. 그러나 당나라 때의 문인 육우(陸羽)가 760년경에 지은《다경(茶經)》에는 세 가지 차에 관한 전설이 전해지고 있다. 하나는, 중국의 전설에 나오는 삼황오제 중 한 사람인 신농씨가 부엌에서 마실 물을 끓이고 있는데 땔감으로 사용했던 나무의 잎이 바람에 날려 뚜껑이 열린 주전자 속으로 들어갔다. 마침 그 물을 마신 황제는 향기에 홀린 나머지 그때부터 그것만 마시기를 고집했고, 그 일로 차 마시는 풍습이 널리 성행했다는 것이다.

우리나라 차의 역사를 보면, 이능화(1869~1943)의《조선불교통사》에는 "김해의 백월산에는 죽로차가 있다. 세상에서는 수로왕비인 허씨가 인도에서 가져온 차 씨라고 전한다"라고 기록되어 있으며, 김부식(1075~1151)의《삼국사기》에 의하면 7세기 초 신라 선덕여왕 때부터 차를 마시기 시작했다고 한다. 또 이 기록에는 흥덕왕 3년(828) 중국 당나라에 사신으로 갔던 대렴이 귀국길

에 그곳에서 차나무 씨를 가져와 왕명으로 지리산에 심었는데 그 때부터 차 마시는 풍속이 성행했다고 전하고 있다.

또 백제에 불교를 처음 전한 마라난타가 영광 불갑사와 나주 불회사를 세울 때(384) 이곳에 차나무를 심었다는 설과 인도의 승려 연기가 구례 화엄사를 세울 때(544) 차나무 씨를 지리산에 심었다는 설도 있다.

일본의 고문헌을 통해 보면, 일본의 긴메이 천황시대(539~571)에 백제의 성왕이 담혜화상 등 열여섯 명의 스님을 통해 불구와 차, 향 등을 보냈다고 전해지고 있다. 또 일본의 《동대사요록》에는 백제의 귀화승인 행기(668~749)가 중생을 제도하기 위해 여러 지역에 마흔아홉 개의 당사를 짓고 차나무를 심었다는 내

용이 있어 우리나라의 차가 일본에 전해졌음을 알 수 있다.

신라와 함께 불교국가였던 고려시대에는 연등회와 팔관회가 궁중에서 행해질 때 반드시 진다의식(進茶儀式)이 열렸다고 한다. 이 의식을 '다방'이라는 기관이 주관하였다. 그리고 고려시대에는 왕자 및 왕비의 탄생 때와 책봉의식 때, 군신들이 모여 회의를 할 때, 중신이 죽었을 때에도 왕이 차를 내렸다.

조선시대에는 숭유억불정책으로 불교가 쇠퇴함에 따라 사찰 중심의 차문

불탑 모양 민예품 · 차통 · 찻잔
Myanmarese Teaware

화도 약해졌다. 하지만, 왕실이나 사대부 등을 중심으로 한 선비나 귀족들의 차생활은 성행했다. 고려시대의 다방은 내시원에 소속되어 축소되고 혜민국에는 다모(茶母)를 두는 등 다례나 차 소비를 맡아보는 관비를 두었다.

조선시대의 혼례풍습 가운데 납채(納采)라는 의식이 있는데, 남녀가 혼인을 위한 사전 의식으로 신부집에서 궁합을 본 후 길일을 택해 신랑집으로 납채를 보낸다. 이때 주인 부부와 손님이 사랑채에서 다례를 올린다. 또한 신랑집에서 신부집으로 보내는 예물인 납폐에는 차와 차 씨앗을 봉해 보내는데 이를 봉차 또는 봉채라고도 한다.

조선시대 차를 중흥시켰던 인물로는 다산 정약용과 초의선사가 대표적이다. 정약용은 강진에서 유배생활을 하면서 차를 즐겼는데 "차를 마시는 백성들은 흥하고, 술을 마시는 백성은 망한다"고 하면서 스스로 호를 다산(茶山)이라 칭하였다. 그리고 정약용에게 경서를 배운 초의선사는 차문화의 교과서와도 같은 〈동다송(東茶頌)〉과 〈다신전(茶神傳)〉을 지었다.

특히 초의선사는 우리나라 토산차에 대해 색깔과 맛, 향기가 뛰어나 중국차에 뒤지지 않는다고 하였다. 지리산 화개동의 차밭은 차나무가 잘 자랄 수 있는 적지라고 하였으며 차를 따는 시기로는 입하 뒤가 적당하다고 하여 자신의 경험을 말하고 그의 다도정신은 음다의 정신과 선의 정신을 서로 동일성으로 보았다. 그래서 다선일미설이 생겨나게 된 것이다.

박물관 전시실에서 볼 수 있는 고려시대의 찻잔들은 다양한 형태와 문양, 뛰어난 비색으로 높은 수준을 나타내주는 반면 조선시대의 다구로는 백자를 비롯하여 분청사기의 찻잔과 찻물을 끓

이는 돌솥, 다식을 찍어내는 다식판들이 남아있다. 그리고 고려시대에는 말차를 주로 즐겨마셨지만 조선시대에는 잎차 위주였기 때문에 찻잔은 완(사발)의 형태보다 잔의 형태로 변한 것을 알 수 있다.

일제강점기에는 일본인들이 국내에서 차밭을 매입하여 경영하기 시작하면서 재배면적이 늘어나고 차의 재배기술도 발전하게 되었다. 또 민족문화 말살정책의 일환으로 1930년부터 여학생을 대상으로 일본식 말차 중심의 다도 강제교육이 이뤄졌다.

해방과 함께 서구문화가 유입되어 커피는 전통음료를 뛰어넘었고 일본의 다도와 중국의 다예 그리고 우리나라의 다례가 혼합된 차문화가 개인이나 단체 중심으로 이어지게 되었다. 이제 우리 주변은 커피 전문점, 전통차 전문점으로 분류되고 일부 다방이 남아 있을 뿐이다.

초의선사가 하얀 눈이 내리는 날 눈을 보면서 차를 달이는 즐거움을 한 편의 시로 남겨놓았다. "처음 벼루를 열자/ 밤은 시를 재촉하네/ 북두칠성은 하늘에 걸리고/ 달은 더디 나온다/ 등을 달고 한가롭게 앉은/ 높이 솟은 누대 위/ 눈을 보며 차를 달이는/ 그 즐거움 나는 안다네."

고려시대의 진각국사와 다산 정약용은 차를 끓이는 과정에서 화력을 조절하기 위해 화덕에 솔방울 하나하나를 천천히 던질 때마다 솔방울이 벌어지면서 뿜어내는 솔내음을 맡으며 시를 쓰기도 했다.

느림의 미학을 즐겼던 선조들의 다도정신이 이제 우리 주변에서 찾아보기 힘들다. 참 바쁜 세상, 그래도 한국차박물관에서 여유로움을 찾아본다.

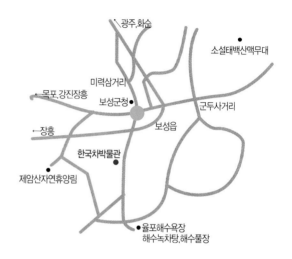

● ● ● **한국차박물관 이용 안내**

◆ **휴관일**은 매주 월요일, 1월 1일, 설날 및 추석 당일이며 **관람시간**은 동절기는 오전 10시 ~ 오후 5시, 하절기는 오전 10시 ~오후 6시까지이다.

◆ **관람료**는 성인 1,000원, 청소년 및 군인은 700원, 어린이는 500원이다.

◆ **오시는 길은**

– 서울 · 대전 출발시 : 경부, 중부고속도로→ 회덕분기점(호남고속도로)→ 동광주IC→ 광주 제2순환도로→ 화순→ 29번도로→ 보성읍→ 18번 국도→ 박물관

– 대구 출발시 : 구마고속도로→ 동마산IC→ 남해고속도로→ 순천IC→ 2번국도→ 보성읍→ 장수교차로→ 18번 국도 → 박물관

– 부산 출발시 : 남해고속도로→ 순천IC→ 2번국도→ 보성읍→ 장수교차로→ 18번 국도 → 박물관

– 인천 · 목포 출발시 : 서해안고속도로→ 목포IC→ 영산강구둑→ 2번국도→ 강진→ 장흥→ 보성읍→ 장수교차로→ 18번국도→ 박물관

– 기타 : **보성역 및 시내에서 박물관행 버스 수시운행**

◆ **한국차박물관 주소** : 전남 보성군 보성읍 목차로 775번지

◆ 전화 : **061) 852-0918,** 홈페이지 http://www.koreateamuseum.kr

한국의 특수박물관
일준부채박물관

인류 역사의
동반자였던
생활용품

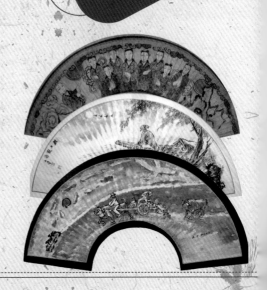

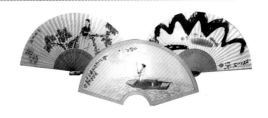

　요즈음은 각 가정마다 선풍기나 에어컨이 있어 부채 구경하기가 힘들다. 젊은 세대는 부채가 무엇인지도 모르는 경우가 많다. 그러나 불과 몇십 년 전만 해도 여름이면 부채를 먼저 차지하려고 형제끼리 다투기도 했다.

　그 당시에는 유명한 여가수나 배우들의 얼굴이 인쇄된 종이부채를 농약 가게나 농협 등에서 고객들에게만 나눠줄 정도였기에 구하기도 힘들었다.

　부채는 더위를 식히기 위한 도구이지만 파리나 모기를 쫓거나 부엌에서 아궁이의 불씨를 살리고 불이 더 잘 타오르도록 사용하기도 했다.

　부채의 어원은 순수한 우리말로 부쳐서 바람을 일으킨다는 뜻의 '부'자와 가는 대나무 또는 도구라는 뜻인 '채'자를 합친 말로 손으로 부쳐서 바람을 일으키는 채라는 뜻이 담겨 있다.

　부채는 우리나라뿐만 아니라 세계 여러 나라에서 사용해왔다. 그러한 다양한 부채들을 볼 수 있는 박물관이 경남 의령군에 있는 자굴산치유수목원 안에 있다. 올해 68세인 이일원 관장이 약 2만 평의 산자락에 조성한 수목원 내

에 본인의 호를 따 일준부채박물관을 2007년에 설립하였다. 박물관에는 국내외 부채 600여 점이 전시되어 있다.

제1전시실은 조선유물전시관으로 조선시대의 부채 30여 점이 전시되어 있다. 이 관장은 조선시대를 비롯하여 그 이전의 부채를 수집하려 몇십 년 동안 노력했으나, "일제의 침략을 많이 받은 통에 남은 부채가 별로 없다"고 한다.

제2전시실에는 근·현대의 부채들이 수백 점에 이른다. 제3전시실은 외국관으로 중국 청나라시대의 부채와 시대별로 특색이 있는 부채들이 전시되어 있고 근대 일본의 서화 대가들이 그린 부채그림도 구경할 수 있다.

우리나라 부채 가운데 특색있는 전시물을 보면, 추사 김정희의 묵란도 부채, 산수도로 유명한 소치 허유의 부채, 독립운동가 안창호, 오세창, 지운영의 부채와 화가로 유명한 김은호, 변관식, 김기창 등 근·현대 화가의 부채들도 전시되어 있다. 화가들의 그림이 유명하니까 부채살에서 그림만 떼어내어 표구해놓은 작품들도 있다.

이외에도 깃털부채, 크기가 창문만한 궁중부채, 종이와 왕골 그리고 대발로 짜서 만든 부채, 거북등을 깎아 만든 부채, 자수로 한 땀 한 땀 짜서 만든 부채 등을 보노라면 바람을 일으켜 시원하게 하기 위한 부채라기보다는 하나의 예술품에 가깝다.

전시관에 있는 천경자 화백의 '엉겅퀴꽃' 부채는 천 화백이 광주에서 교편을 잡고 있을 때 그려주었던 부채로 그의 딸이 어머니 화집을 만들 때 그 부채사진을 넣었다고 한다.

이 관장이 많은 부채를 모으게 된 동기는 본래 유화를 공부했고 조경업 전문가로 각지를 다니면서 취미로 모으게 되었는데 부채는 상자 안에 다른 골동품들보다 많이 보관할 수 있는 장점과 가볍기 때문에 수백 점을 모을 수 있었다고 한다.

인류의 문명사와 함께 시작된 부채의 역사를 보면, 아프리카, 아시아, 유럽 등 세계 여러 나라에서 사용되었다. 무더운 여름에 더위를 쫓기 위해 손바닥을 이용하던 사람들은 넓은 활엽수 잎을 사용하면 더 시원하다는 것을 알게 되었다. 이후에는 사냥을 통해 잡은 새의 깃털이나 짐승의 가죽을 가지고 부

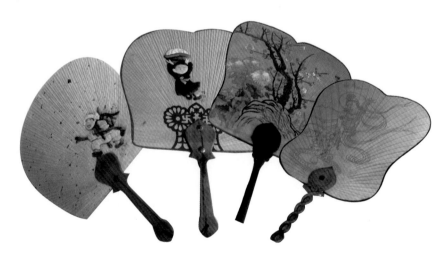

채를 만들어 사용했고, 종이가 발명되면서 가
벼운 종이부채를 사용하게 됨으로써 부채가 보
편화되었다.

세계에서 가장 오래된 부채는 이집트 투탕
카멘 왕의 피라미드에서 발견된 것으로 황금봉
에 타조의 깃털을 붙인 것이다. 3000년이 지난
지금까지도 일부 벌레가 갉아먹기는 했지만 그
형체가 남아있다는 게 신기할 정도라고 한다.

우리나라에서 가장 오래된 부채 유물은 서
기 1세기 무렵, 경남 의령군 다호리 고분에서
출토된 옻칠이 된 부채자루이다. 옻칠은 천 년
이 지나도 썩지 않게 하는 성분이 있기에 그나
마 보존상태가 양호한 유물로 출토되었다.

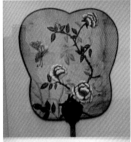

또한 고구려 357년에 조성된 황해도 안악군
유설리의 안악 3호 고분벽화의 인물도는 깃털
로 만든 부채를 손에 들고 있어 그 당시에 깃털
부채를 사용하였다는 것을 보여준다. 그리고
《삼국사기》에는 918년 고려 태조 왕건이 즉위
하자 견훤이 하례품으로 공작선(孔雀扇)을 올
렸다는 기록이 있다.

동양에서는 부채를 각 나라의 사신들이 왕
래할 때 답례품으로 주고 받았던 기록들이 있
다. 《조선왕조실록》에는 태종 10년에 왕이 명
나라 사신에게 흰 접부채 100자루를 주었고 광

해군 때에는 명나라 사신에게 흰 부채 1,800자루, 기름 먹인 부채 9,000자루를 여러 차례에 걸쳐 답례품으로 주었다. 또 세종 대에는 일본 사신으로부터 접부채를 여러 번 받았고 선조 40년에는 일본 도쿠가와 이에야쓰(1542~1616)로부터 부채 100자루를 받았다는 기록이 있다.

그리고 조선시대에는 해마다 단오가 가까워 오면 전라도와 경상도 관찰사 및 절도사에서 특산품으로 단오 부채를 만들어 진상하였다. 이를 단오진선이라 하는데, 우리나라 속담에 "단오 선물은 부채요, 동지 선물은 책력(册曆)"이라 했듯이 단오가 오면 곧 여름철이 되므로 친지와 웃어른께 부채를 선물하였다.

이러한 풍습에 따라 왕이 신하들에게 하사하기 위한 부채를 자발적으로 지방관들이 바치기도 하지만, 왕이 지방관들에게 명하다 보니 지방에서는 죽제품으로 생계를 유지해오던 장인들의 피해가 늘어나고 대나무밭이 쇠진해가는 등 날로 민심이 흉흉해져 결국은 정조 22년에 능주목사가 단오진선의 피해를 임금에게 알리는 사례도 있었다.

부채는 모양이나 재료에 따라 쓰이는 용도가 다양하다. 궁중이나 사대부 집안에서는 의식이나 의장용으로 사용했고 더위를 피하기 위해 쓰였던 초량용, 찬바람이나 먼지를 막기 위한 방풍진용, 얼굴을 가리기 위한 차면용, 춤을 추거나 판소리를 하는 데 쓰이는 가무용, 굿을 하거나 악귀를 쫓고 제액을 할 때 쓰이는 압승용 부채 등이 있다.

그리고 부채는 형태에 따라 크게 두 가지로 나뉜다. 방구(方球)부채와 접부채(쥘부채)이다. 방구부채는 부채의 형태, 부채살, 색상에 따라 여러 종류로 나눌 수 있는데 부채의 머리부분에 살의 끝을 휘어서 오동나무 잎맥과 같이 만든 오엽선, 연잎의 잎맥과 같이 만든 연엽선, 파초잎 모양은 파초선이라 한다.

그리고 중앙에 태극 모양을 그려 넣은 태극선, 왕골이나 갯버들, 죽순의 껍질 등을 사용하여 얽은 것으로 여덟 가지가 있다고 해서 팔덕선, 부채의 테두리를 은으로 두리고 진주를 박아 꾸민 진주선, 공작의 깃으로 만든 공작선, 부채의 면을 5등분하여 다섯 색깔을 칠한 오색선 외에도 방구부채에는 신부가 혼례 때 얼굴을 가리는 홍선, 신랑이 얼굴을 가리는 청선, 아이들이 부치는 아선 등이 있다.

접부채는 대나무의 겉피를 가지고 살을 만들

고 종이 또는 헝겊을 발라 부채를 만들었는데 부채살과 선면이 흰 백선, 부채살과 선면에 옻칠을 한 칠선, 들기름을 먹인 유선이 있고 부채목 아랫부분의 생김새에 따라 승두선, 어두선, 갓대인 변죽의 특징에 따라 반죽선, 외각선, 내각선, 채각선, 광변선 등으로 구분한다.

부채는 또 손잡이 끝에 매달린 선추의 종류도 다양하다. 선추는 주로 사북 고리에 다는데 단선에 달기도 한다. 조선시대에는 미관말직이라도 벼슬이 있는 자만이 달 수 있었는데 이는 문관에만 국한된 것으로 부채에도 벼슬이 있었다.

부채에 얽힌 일화를 보면, 임진왜란 때 동래부사 송상현은 왜적이 쳐들어 오자 고군분투 성을 지키다가 순절하였는데 죽기 직전에 임금이 계신 북쪽을 향해 절을 하고나서 부친에게 보낼 글을 흰 부채에 써 보냈다고 한다.

서예가로 유명한 추사 김정희는 외출을 하였다가 집에 돌아와 보니 부채

장사가 부채를 팔러 왔다가 해가 저물어 하룻밤 묵고가기를 청해 묵도록 했는데 그날따라 하도 심심하여 부채 장사의 모든 부채에 글씨를 썼다고 한다. 다음날 부채 장사는 이를 보고 탄식했고 추사는 이 부채가 추사선생이 쓴 글씨부채라고 하면 너도나도 살 것이라고 달래어 보내 결국 부채 장사는 순식간에 다 팔고는 또다시 찾아와 다시 써달라고 했으나 추사는 한번으로 족하지 두 번은 안 된다고 거절했다고 한다.

그러했던 부채가 현대문명 속에서 옛날의 골동품으로 변해 버렸지만, 그러나 부채는 일상생활용품으로 오랜 역사를 유지해온 인류사의 동반자였다.

일준부채박물관을 둘러보며 선조시대 풍류아였던 임제가 어린 기생에게 부채를 보내며 쓴 시를 되뇌어 본다.

"한겨울에 부채 선물 이상히 생각하지 말라./ 너는 아직 나이 어리니 어찌 능히 알겠냐만/ 한밤중에 서로의 생각에 불이 나게 되면/ 무더운 여름 6월의 염천보다 더 뜨거울 것이다." 이에 어린 기생이 보낸 시는 "한겨울 부채 보낸 뜻을 잠깐 생각하니,/ 가슴에 타는 불을 끄라고 보내었나/ 눈물로도 못 끄는 불을/ 부채인들 어이 하리."

● ● ● 일준부채박물관 이용 안내

◆ 휴관일은 매주 월요일이며 관람시간은 하절기는 오전 9시 ~ 오후 6시,
동절기는 오전 9시 ~ 오후 5시까지이다.
◆ 관람요금 5,000원을 내면 자굴산치유수목원까지 구경할 수 있다.
◆ 가는 길은 마산–진주간 남해고속도로 의령군북IC에서 우회전→의령 시외버스터미널을 지나
합천방향으로 200m에서 우회전→ 가례초등학교를 지나 1.5㎞ 지점에 자굴산치유수목원내에 위치
– 시외버스 이용시 의령터미널에 도착하여 마을버스 이용, 택시는 5분 정도 소요된다.
◆ 일준부채박물관 주소 : 경남 의령군 가례면 가례로 327–22
◆ 전화 : 055) 574–4458, 홈페이지 http://www.jagulsan.com

석탄,
인류에 주는
따뜻한 선물

　70년대까지만 해도 겨울에 학교에서 조개탄 난로를 사용하였다. 벌겋게 달궈진 난로 위에 양은 도시락을 차곡차곡 쌓아놓고 번갈아가면서 따뜻하게 뎁혀 먹었던 일, 비 오는 날 자취방에서 연탄가스 중독으로 쓰러져 동치미 국물을 먹고 깨어났던 일, 눈발이 날리는 오르막길엔 연탄재가 최고였기에 담벼락에 쌓아둔 연탄재를 내다 짓부수었던 추억들이 새롭다.

　60년대에만 해도 서울 시민의 90%가 연탄을 가정용으로 사용하였고, 1970년대에 새마을 운동이 시작되면서 농촌지역의 초가지붕이 슬레이트로 교체되고 반석의 구들장이 연탄보일러 시설로 교체되면서 80년대 중반까지 연탄은 가정의 핵심연료로 사용되었다.

　그러다 보니 날씨가 흐리거나 겨울이면 연탄가스 중독으로 사망한 자의 뉴스가 신문의 한켠을 언제나 장식하였다. 그토록 무서운 줄 알면서도 연탄은 없어서는 안 될 서민들의 체온과도 같은 존재였다.

　그러다가 80년대 후반부터 석유와 가스로 대체에너지 전환이 이루어진 뒤로 사라졌던 연탄이 최근 들어 고유가로 인하여 연탄 소비가 늘어나고 있다. 추억속의 연탄이 생활 속으로 다시 돌아온 것이다.

안도현 시인은 〈연탄 한 장〉이라는 시에서 "또 다른 말도 많고 많지만/ 삶이란/ 나 아닌 그 누구에게/ 기꺼이 연탄 한 장이 되는 것"이라 했다. 삶이 각박해지고 인정이 메말라 가는 사회에서 연탄이 가지고 있는 따스한 온기만큼 이웃에 대한 봉사와 사랑으로 아름다운 사회를 만들어가기를 바라는 시라고 본다.

이러한 연탄이 어떠한 재료로 언제 어떠한 과정을 거쳐서 만들어지게 되었는가를 우리는 모르고 그저 고마운 연료로만 알고 있을 뿐이다. 그러나 한 장의 연탄이 만들어지기까지 탄광의 천장을 제2의 하늘로 여기며 살아가고 있는 광부의 피와 땀을 생각해보지 않을 수 없다. 그들의 고단한 삶이 연탄 25개의 구멍에서 발갛게 불꽃으로 솟고 있는지도 모른다.

1929년부터 1994년까지 석탄을 캤던 문경 은성탄광 자리에 문경석탄박물관이 1999년에 개관되었다. 이 박물관은 전시관내의 유물들을 관람하는 것도 중요하지만 갱내에 들어가 광부들이 어떻게 하루 노동을 하는지 실제 갱

도체험을 할 수 있다.

석탄은 지금으로부터 약 2억 5천만 년에서 3억 년 전, 고생대 석탄기에 생성되었는데 무성한 식물들이 퇴적되어 오랜 시간 동안 지압과 지열을 받으면서 수소, 질소, 산소 등이 서서히 빠져 나가고 탄소성분만 남아 탄화작용을 일으켜 광물질로 변하게 된 것이다.

석탄은 탄화의 정도에 따라 토탄, 이탄, 갈탄, 역청탄, 무연탄으로 분류하는데, 무연탄은 탄소 함유량이 가장 높아 일단 불에 한번 붙기 시작하면 화력이 높고 오래 타는 성질이 있어 연탄제조용으로 많이 사용되고 있다.

우리나라 탄광의 주요 분포를 보면 무연탄으로 삼척, 정선, 단양, 문경지역에서 생산되어 왔다.

지하 깊이 매장되어 있는 석탄을 캐기 위해서는 먼저 탐사를 하게 된다. 지진파의 전파를 이용하는 탄성파탐사, 지전류(地電流)의 측정을 이용하는 전탐법(電探法), 자성체의 강약을 이용하는 자력탐사, 중력의 차를 이용하는 중력

탐사 등의 물리탐사법이 이용된다.

이와 같이 하여 광상(鑛床) 발견의 가능성이 높은 지역이 알려지면 시추를 한다. 시추는 지각에 작은 구멍을 뚫어서 지질과 광상을 확인한다. 다음으로는 탐광갱도를 굴착하여 공상의 규모나 광석의 성질, 품위, 매장량 등을 확인한다.

그런 후 충분히 좋은 석탄이 대량 매장되어 있다고 판단되면 광업소를 설치한다. 광업소는 석탄을 캐고, 운반하기 위한 시설, 좋은 석탄을 가려내고, 석탄을 일정한 장소에 쌓아서 저장하고 갱도의 버팀목인 동발을 자르고 저장하기 위한 시설, 전기를 공급하는 시설, 광산장비를 수리하고 정비하는 시설 외에도 광부들의 숙소를 비롯하여 복지시설들이 갖추어진 시설들을 모두 일컬어서 광산소라 부른다.

소설가 박상우는 이러한 광산소를 고생대와 현대를 연결하는 특이한 구조물의 세계라고 하였다. 이러한 구조물의 세계를 볼 수 있는 곳이 문경석탄박

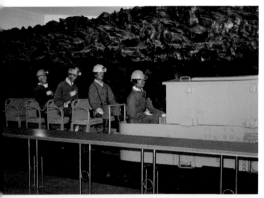

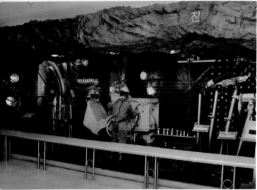

물관이다.

　박물관은 원형모양의 중앙
전시실을 비롯하여 야외전시
장, 갱도전시장, 광원사택전시
관으로 이루어져 있다.

　중앙전시실 1층에는 석탄층
과 갱내 및 광업소에서 일어나
는 전반적인 내용을 비디오로
재현하였다. 지상 1층에는 석
탄의 기원, 광물·화석, 석탄
의 이해, 석탄의 이용, 석탄산
업과 생활상과 관련된 내용을
전시하고 있다.

　지상 2층은 광업소에서 사
용한 소형 광산장비, 통신, 보
안, 화약, 선탄(選炭) 장비와 광
업 관련 도서와 서류를 전시하
고 있다. 또 광업소의 전반적
인 내용을 매직비전으로 보여
주고 있으며 영상관에서는 석
탄산업의 역사를 한눈에 볼 수
있도록 상영하고 있다.

　야외에 꾸며진 전시장은 주
로 대형 광산장비들이 진열되

어 있다. 대표적인 장비로는 권양기, 공기압축기, 기관차, 인차, 광차 등이다.

갱도전시장은 국내 석탄박물관 중 유일하게 실제 갱도를 활용한 전시장으로서 실제 갱도체험을 할 수 있다. 이 은성갱도는 1960년대에 만들어져 '90년대 초 폐광되기 직전까지 사용되었던 갱도이다.

이곳에는 갱내사무실, 붕락체험현장, 굴진·채탄막장, 갱내식사모습 등이 전시되어 있어 과거 광부들이 갱내에서 어떻게 생활을 했는지 모습을 볼 수 있는 곳이다.

광업사택전시관은 1970년대 건축되었던 사택을 모델로 지어졌는데 1가구가 단촐하게 사는 모습을 재현하고 있다. 본래 은성탄광에는 444채의 사택이 있었고 3교대로 일하는 광부들이 산속에서 가족과 멀리 떨어져 살 수가 없어서 대부분 사택을 이용했다고 한다.

석탄이 일상생활에서 사용되는 연탄으로 만들어지기까지의 과정을 보면, 갱내의 탄층에서 광부들이 석탄을 채굴하는 걸 채탄작업이라 하는데 광부들은 이를 '털어 먹는다'라고 한다.

채탄작업에 주로 사용하는 장비는 압축공기를 사용하여 탄층을 찍어내는 데 사용하는 콜픽과 탄층에 구멍을 뚫는 천공장비 오거드릴을 사용한다.

갱내에서 캐낸 석탄은 갱외의 선탄장으로 옮기는데 운반작업은 주로 광차를 사용하지만 공산 초기에는 기계화가 되지 않아 삼태기, 질통, 지게, 우마차 등을 이용하였다.

1940년대에 철로 된 광차가 보급되고 벨트 컨베이어와 체인컨베이어가 보급되면서 운반의 자동화가 이루어졌다.

석탄을 채굴할 때 석탄층에는 암석이 함께 들어오기 때문에 암석이나 이물질을 제거하기 위해 분류하는 작업을 선탄작업이라 한다. 선탄작업을 마

치면 철로를 통해 연탄공장이나, 화력발전소, 제철소 등으로 수송된다.

연탄공장으로 옮겨진 석탄은 주로 무연탄으로 코크스와 목탄가루, 당밀, 전분, 펄프폐액, 석회 등을 분쇄하고 배합하여 수동식 연탄제조기나 기계식 연탄제조기를 통해 압축하여 찍어내는 것이다.

연탄은 1920년대 후반부터 평양광업소에서 제조하기 시작한 관제연탄이 처음인데 관제연탄은 벽돌과 비슷한 모양에 두 개 또는 세 개의 구멍이 나 있는 연탄이다. 이 관제연탄은 주로 당시 일본인 가정을 중심으로 공급되었고, 우리 국민들은 볏짚이나 나무를 땔감으로 사용하였다.

1930년대에 비로소 연탄이 본격적으로 제조되기 시작했는데, 부산에서 일본인이 경영하는 삼국상회가 후락숀 프레스기를 사용하여 9공탄을 제조하였다. 이 회사는 나중에 연탄제조기를 윤전기로 개량하여 대량생산을 하게 되었다.

해방부터 6 · 25이후에도 정부가 산림채벌을 금지함으로써 극심한 연료난을 겪게 되었는데 1956년 석탄산업철도의 개통으로 석탄의 생산과 연탄 공급이 원활해지고 나무 아궁이에서 연탄아궁이로 전환이 급속히 이루어지면서

연탄은 아주 빠르게 가정연료로 확산되었다.

1960년대만 해도 서울 시민의 90%가 연탄을 가정용으로 사용하였고 연탄 공장이 서울 시내에만 100여 곳이 있었다. 이후 1966년 연탄파동을 지나 '70년대 새마을운동으로 농촌지역의 아궁이 개량사업이 전개되면서 연탄 사용은 1980년대 중반까지 전국적으로 사용되었다.

1988년부터 석탄산업이 석유 및 가스로 전환되면서 연탄은 사양길로 접어들었다. 주로 사용되는 곳이라면 비닐하우스 단지, 화훼농가나 빈민촌 또는 연탄숯불갈비집 정도였다.

현재 40대 이후 세대들만이 가지고 있는 연탄과 학교에서 사용되는 조개탄의 추억을 이곳 문경석탄박물관에서 새롭게 되새겨 볼 수 있을 것이다.

추억 속에 남아 있는 사건들로는 갱내 막장에서 일하다가 붕괴로 인하여 광부들이 집단으로 사망하는 사건, 탄가루로 중독되어 진폐증을 앓다가 사망했다는 사건, 어린 학생들과 일가족이 연탄가스 중독으로 사망했다는 사건 등은 참으로 연탄세대들에게 가슴 아픈 추억으로 남아 있다.

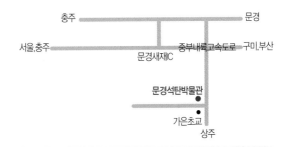

● ● ● 문경석탄박물관 이용 안내

◆ **휴관일**은 1월 1일, 설날 및 추석 당일이며 관람시간은 동절기는 오전 9시 ~ 오후 5시, 하절기는 오전 9시 ~ 오후 6시까지이다.

◆ **관람료**는 성인 2,000원, 청소년 및 군인은 1,500원, 어린이는 800원이며 단체는 성인 1,500원, 청소년 및 군인은 1,000원, 어린이는 500원이다.

◆ **오시는 길**은
　– **자가용 출발시** : 중부내륙고속도로 → 문경새재 IC에서 나와 가은오픈세트장 방향
　– **기타** : 시내에서는 가은오픈세트장 방향 시내버스 수시운행

◆ **석탄박물관 주소** : 경북 문경시 가은읍 왕릉길 112번지

◆ **전화** : 054) 550-6424, 6426, **홈페이지** http://www.coal.go.kr

한국의 특수박물관

등대박물관

환태평양시대의 관문을 밝혀온 100년의 등대 역사

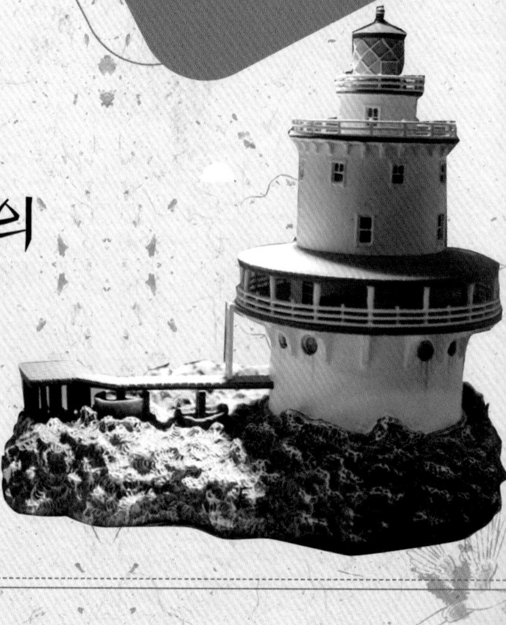

우리나라는 비록 국토면적은 작으나 삼면이 바다로 둘러싸여 있고 태평양을 향해 무한한 길이 열려 있다.

인도의 시인 타고르는 〈동방의 등불〉이라는 시에서 "일찍이 아시아의 황금시기에/ 빛나는 등불의 나라 코리아/ 그 불 한 번 다시 켜지는 날엔/ 너는 동방의 햇불이 되리라"라고 하여 미래 한국을 예언하기도 하였다.

지정학적 위치로 봐도 앞으로 동북아 해양문명시대의 관문이 될 것이다. 우리 선조들은 지혜롭게 바다를 지배해 왔다. 배들의 안전한 귀항과 원만한 운항을 위해 해안이나 섬에 여러 가지 구조물을 설치하였다. 그 중에 하나가 등대이다.

바다를 끼고 있는 나라마다 등대의 기능은 발달되어 오늘에 이르고 있지만, 이 지구상에서 최초로 등대가 세워진 곳은 지중해의 알렉산드리아항 입구에 있는 파로스 등대이다. 이 등대는 세계 7대 불가사의 중의 하나로 기원전 280~250년 무렵 이집트 프롤레마오스 왕조 시대의 건축가 소스트라투스

가 세웠다. 대부분 대리석 돌로 세워졌는데 높이가 135m로 3개의 층으로 만들어졌으며 등대 안쪽에는 나선형의 길이 있어서 등대 꼭대기의 옥탑까지 이어져 있고 옥탑 위에는 거대한 동상(이시스 여신상)이 우뚝 솟아 있다.

이 등대는 야자수를 태워 불을 지폈고 유리에 반사된 불빛이 40㎞나 떨어진 바다에서도 볼 수 있었다고 한다. 그러나 1100년과 1307년의 두 차례에 걸친 지진에 의해 파손되어 그 모습을 감추었으나 20세기 초 독일의 고고학자들이 흔적을 발견함으로써 처음으로 세상에 모습이 알려지게 되었다고 한다.

우리나라 등대의 역사를 보면, 과거에는 배가 안전하게 항해할 수 있도록 하기 위하여 횃불이나 봉화, 꽹과리 등을 이용하였으나 1800년대 후반 서구 세력이 부산, 인천, 원산항 등을 통해 들어오게 됨으로써 체계적인 항로표지 시설들을 갖추게 되었다.

청일전쟁(1894~1895) 당시 작전의 필요성에 의해 일본의 참모총장은 체신대신과 상의하여 체신기사 이시바시(石橋絢彦)로 하여금 우리나라 전 연안의 등대건설 위치를 조사토록 하였다. 그 뒤 1901년 당시의 주한국일본공사는 1883년 7월에 한말정부와 일본간에 체결된 일본인민무역규칙의 조항을 들면서 등대건설을 위해 우리 정부를 압박하였다.

일본은 러시아와의 전쟁계획의 일환으로 우리나라 연안의 등대건설을 서두른 것이다. 그래서 1902년 인천에 '해관등대국'을 설치하고 그해 5월부터 인천항 입구의 팔미도, 소월미도 등대와 백암, 북장사서 등대를 건설하였다. 1903년 6월 1일 점등과 1904년 부두를 완성함으로써 우리나라 등대건설의 역사가 시작되었다.

우리 정부가 필요에 의해 독자적으로 등대를 건설한 게 아니라, 1904년에 발발한 러시아와의 전쟁에 이용하기 위해 일본국이 설치하였다. 그 뒤 연안마다 일본 해군의 전진기지로 바뀌면서 1912년까지 총 207기의 등대가 설치되었다.

이후 광복 후 철수하는 일본인들이 80%가량 시설을 파괴하였고 6·25전쟁으로 다시금 파손되고 1962년 경제개발 5개년계획에 힘입어 체계적인 해상교통의 환경개선차원에서 등대건설을 적극 추진한 결과, 1986년 11월까지 유인등대 49기, 무인등대 267기, 기타 등표, 등부표 등 시설 343기를 건설하였다

　이러한 시설들이 세월이 흐르는 동안 낡아 교체되면서 유물로 영구히 보존하여 후세에게 물려주고 교육의 장으로 삼고자 과거 해양수산부가 국립 등대박물관을 설치하여 전시하게 되었다.

　지도상에 호랑이 꼬리부분처럼 솟아난 경상북도 포항시 남구 대보면 대보2리에 1985년 2월 7일 우리나라 유일의 호미곶 등대박물관을 개관하였다.

　박물관은 항로표지 유물 및 해양수산 관련자료 320종 4,266점을 전시하고 있다. 박물관내의 등대관은 박물관이 위치한 포항의 옛 모습과 항로표지 현황, 세계의 주요항로 등을 알 수 있는 시설과 60~70년대 등대원의 숙소, 사무실을 재현하고 등대원이 직접 사용했던 유물들이 전시되어 있다. 또 선박의 조타실이 재현된 대형모니터에서 정해진 항로를 따라 항로표지를 이용하여 안전하게 입항하는 항해사의 성취감을 체험할 수 있는 운항 체험실, 에어 탱크 모양의 음파표지 코너와 지구본 모양의 전파표지 코너를 통해 직접 체험학습을 할 수 있는 등대 과학관, 각종 유리렌즈와 등명기 등의 광파표지와 전파를 이용하여 선박에게 등대의 위치를 알려주는 전파표지, 소리를 이용한 음파표지 유물들이 전시되어 있는 등대유물관 등으로 구분되어 있다.

해양수산관은 파란 조개껍질을 엎어 놓은 것같은 형상의 지붕구조로 하얀 호미곶 등대와 어우러져 관광객들의 눈길을 끌고 있다. 이곳에는 세계의 해양대책 및 선박의 발달사, 해운항만의 변화, 세계에서 우리나라의 해양산업 위상, 바다목장과 해양연구 및 조사 등 해양수산 관련 자료들이 전시되어 있다.

동해바다의 파도소리를 들으며 멀리 출항하는 배들의 모습을 볼 수 있는 야외에도 다양한 기기들이 전시되어 있다. 제1야외 전시장에는 1030년대 공기 사이렌 나팔과 공기압축기, 등부표, 부표 및 손돌목도표와 발동발전기 등이 전시되어 있다.

제2야외 전시장에는 광주 해상문선표지국에서 사용한 장거리 무선항법 송신 장비와 축소된 안테나 및 무선표지 안테나 등이 있고 제3야외 전시장에는 1981년도 포항 신항에 설치되어 사용되었던 FRP등대와 마산청 홍도 등대의 태양광발전장치, 1903년 6월 1

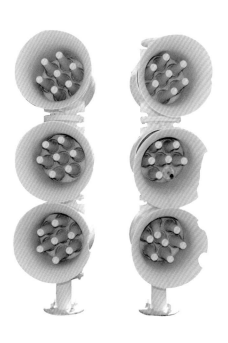

일 설치된 우리나라 최초의 해상부표식 등표인 북장자서등표 축소모형이 전시되어 있다.

먼저 등대가 하는 역할은 광파, 음파, 전파, 특수신호로 배에게 신호를 보내 운항에 길잡이를 해준다. 낮에는 모양과 색채로, 밤에는 불빛 색깔과 시간차로 신호소의 위치를 알려준다. 그리고 안개나 눈보라가 있을 때에는 사이렌으로 뱃길을 알리고 육지에서 먼 곳을 항해하는 선박은 주로 전파통신으로 안내자 역할을 한다.

그러기 때문에 등대에는 많은 과학적인 기기들과 해양자료들이 필요하다.

첫 번째, 빛을 이용한 광파표지의 종류는 등대, 등표, 등부표, 도등, 조사등, 지향등, 등선 등이 있다. 등표란 선박에 장애물이나 항로 등을 알리기 위하여 암초 등에 설치한 탑 모양의 구조물이다.

등부표는 선박에 바닷속 장애물의 존재를 알려주거나 항로를 표시하기 위하여 무거운 추를 달아 바다 밑에 고정시켜 뜨게 한 구조물로 불빛을 낼 수 있다. 불빛이 없고 낮에 색깔로 구분되도록 한 것을 부표라고 한다.

도등은 선박에 안전한 항로를 알려주기 위해 배가 드나들기 어려운 좁은 수로나 항구에서 불빛을 갖추어 항로 연장선상에 설치한 높고 낮음의 차이가 있는 2개의 구조물이다. 그리고 빛을 내는 장치가 없는 구조물을 도표라고 한다.

조사등은 육지에서 가까운 곳에 위치한 암초, 장애물 등을 비추어 선박에 암초의 소재를 알려주기 위해 도등을 설치할 수 없는 장소에 설치한다. 하나의 등기구를 이용하여 수평방향에 부채꼴 형태로 백, 적, 녹색의 빛을 발하여 좌우의 녹색과 적색은 위험영역, 중앙의 백색은 안전영역을 가리킨다. 선박은 백색을 보고 항해하므로 안전한 항로를 얻을 수 있다.

등대에서 흔히 볼 수 있는 등명기는 석유, 아세틸렌가스, 전구 등에서 나온 빛을 멀리서도 볼 수 있도록 렌즈나 반사경을 이용하여 외부로 방사하는 조명기구이다. 등명기 렌즈에는 일정한 각도에서 일정한 빛을 지속적으로 낼 수 있는 부동렌즈와 일정한 시간 동안 빛을 깜박거림으로써 위치를 알려주는 섬광렌즈가 있다.

광파표지는 외딴 섬이나 육지의 끝부분, 암초 등에 세워지기 때문에 전원

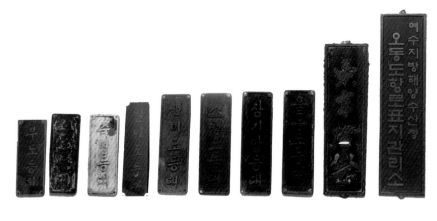

의 공급이 어려워 태양광이 가지는 에너지를 이용할 수 있도록 태양전지를 사용하기도 했다. 태양광에너지를 전기에너지로 변환하는 태양전지는 1972년 백령도, 독도, 욕지도 등대에서 처음 사용하였다.

두 번째, 음파표지는 소리를 이용하여 선박에 그 위치를 알리는 것으로서 무신호기라고 한다. 눈이나 안개로 인하여 광파표지를 이용할 수 없을 때 음파표지를 사용하는데, 소리 울림의 크기, 높이, 길이 및 소리가 지닌 특별한 성격에 따라 항해자가 이를 구분하여 안전운항에 임하게 된다.

초기에는 타종으로 신호를 보내는 무종(霧鐘)이나, 무포(霧砲) 등을 사용하였고, 공기압축을 이용한 공기사이렌은 360도 회전하는 데 15초 이내이어야 하고 1분 가운데 45초간 공기를 흡입하고 5초간 분다. 이외에도 전동기를 이용한 모터사이렌, 압축공기에 의해서 체인피스톤 왕복으로 소리를 내는 다이아폰, 전자력에 의하여 발음판을 진동시키는 다이아후레폰 등이 사용되었다.

세 번째, 전파표지는 갑작스런 이상기후로 시계가 불량하거나 연안으로부터 멀리 떨어져 항해하다보니 육상의 비표물을 볼 수 없을 때, 육지에 설치된 송신국에서 전파방향탐지기를 설치한 선박에게 지정된 주파수로 송신국의 호출부호와 전파를 계속적으로 발사하여 소통하는 장치이다.

오늘날에는 인공위성을 통해 레이다전파를 이용하여 육지와 수신하고 바다 밑의 상태는 물론 어장까지 파악할 정도로 발달하였다.

등대박물관 내의 기획전시관에서는 등대의 역사와 관련하여 다양한 주제의 특별전시를 하고 등대원의 업무와 항로표지의 중요성을 상영하기도 한다. 또한 테마공원 내에 진열되어 있는 각종 등대관련 기기들은 관광객들에게 함께 촬영할 수 있는 장소로 제공되고 있다. 등대박물관과 인접해 있는 해맞이광장은 신년이면 해맞이손님으로 대축제를 거행하는 명소이기도 하다.

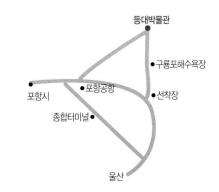

한국의 특수박물관
덕포진교육박물관

교육은
사람을
기르는
필수영양소

　풍금소리에 맞춰 동요를 부르다가 6년이라는 세월을 훌쩍 보내고 마지막 교가를 눈물 섞어 불렀던 초등학교 졸업식, 다정했던 친구들이 그립기만 한 학창시절을 되돌아 보게 하는 박물관이 있다.

　경기도 김포시 대곶면 강화해협의 덕포진 부근에 자리잡은 덕포진교육박물관이다. 1996년에 문을 연 박물관에 들어서면 초등학교 교실에서 풍금을 치며 두 분의 선생님이 나이 드신 어른들을 학생 삼아 동요를 부른다. 박물관을 설립한 김동선, 이인숙 관장은 부부로서 과거에 함께 교편생활을 하였다. 그런데 이인숙 관장이 불의의 사고로 실명을 하게 되었다. 남편은 학생들을 가르칠 수 없다는 절망과 좌절감에 빠져 있는 부인을 위해 학교를 그만 두고도 아이들을 가르칠 수 있게 해주겠다는 약속을 하였다.

　평소에 무엇 하나 버리는 성격이 못된 김 관장은 교육관련 자료들이라면 집안 구석구석에 골동품처럼 쌓아 놓는 성격이었다. 그런 남편은 서울의 살던 집을 팔고 김포의 덕포진 근처에 땅을 사서 3층짜리 박물관을 건립, 5천여 점에 이르는 자료들을 진열하게 되었단다.

박물관을 찾아오는 모든 사람들은 이인숙 관장이 교편시절 마지막 수업을 하였던 3학년 2반 교실에서 관장의 풍금소리에 맞춰 동요 몇 곡을 부른 다음 박물관 수업을 한다. 그래서 부인은 늘 가르친다는 행복 속에서 콧노래를 부른단다. 부인은 아이들뿐만 아니라 어른들에게도 과거 초등학교 시절의 동심을 불러 일으켜주고 있다.

덕포진교육박물관에 오면 마치 내가 그 시절 학교에서 썼던 물건들이 그대로 모여 있는 것 같아 관람객이 아니라 내 물건을 보러온 주인같은 생각이 들게 한다.

1층에는 '엄마 아빠 어렸을 적에'라는 팻말이 붙어있는 3학년 2반 교실이 있다. 이곳에는 수업을 알리는 작은 종이 매달려 있고 교실 중앙에는 나무나 갈탄을 때던 난로가 놓여 있다. 난로 위에는 층층이 양은 도시락이 올려져 있다. 한겨울에는 뚜껑을 열고 타지 않게 살짝 물을 뿌린 다음 위아래의 도시락을 자주 바꿔주고 주전자를 올려 따뜻한 물을 먹을 수 있었던 추억이 있다. 게으른 주번 때문에 누렇게 도시락을 태운 적도 있다.

교실에서 수업을 마치고 나면 세계화교육실, 향토애교육실, 전통문화교육실, 청소년교육실, 시청각교육 변천 기획전 등 주제별로 다양하게 꾸며진 전시관을 둘러볼 수 있다.

2층은 교육사료관으로 우리나라 교육의 역사를 한눈에 볼 수 있도록 자료가 전시되어 있다. 입구에는 서당 모습을 재현해 놓았으며 조선시대의 교육자료부터 개화기, 민족저항기, 미군정기, 정부 수립 이후의 교육과정기 순으로 교과서와 참고자료들이 진열되어 있다.

3층은 농경문화의 생활상을 엿볼 수 있도록 각종 농기구들과 생활도구들이 진열되어 있다.벼농사와 밭농사에 사용되는 도구를 비롯하여 탈곡기, 곡식 저장도구, 길쌈연장, 나르는 연장을 비롯하여 최근까지 농촌에서 사용되었던 민속품 수백여 점이 빼곡하게 쌓여 있다.

인류 역사에 있어서 교육은 과연 언제부터 시작된 것인가. 원시공동사회인 선사시대부터 비형식적이고 무의식적인 교육이 이루어졌다고 볼 수 있다. 종족 보전과 생계수단으로 수렵, 어로, 도구제작, 전투 등을 가족에게 가르쳤다. 그 이후 《삼국유사》에 기록된 단군신화의 조선건국설을 보면, "환웅이 무리 3천을 거느리고 태백산정 신단수 아래에 내려와 풍백, 우사, 운사로 하여금 곡(穀), 명(命), 병(病), 선악(善惡) 등 인간의 360여 가지 일을 주관하여 세상을 이화(理化)하도록 했다"는 구절을 통해 홍익인간(弘益人間)의 이념이 곧 생활철학이자 교육철학으로 우리 민족의 근본 사상으로 자리잡게 되었음을 알려준다.

조선시대에 와서는 유교를 중심으로 교육이 활성화되었다. 1398년에 세운 조선시대 최고의 교육기관이었던 성균관을 비롯하여 향교, 학당, 서당, 서원 등이 전국에 개설되었다. 조선 말기 고종 때에는 당파싸움으로 인하여 서원이 철폐되는 사례도 있었다. 조선시대 교육기관에서 주로 사용한 교과서는 천자문, 소학, 명심보감, 사서삼경, 예기, 춘추, 격몽요결, 의례, 당대5언 등이다.

19세기 말 개항과 갑오개혁을 통해 서구의 신문물이 들어오면서 근대적 교육제도가 자리잡게 되었다. 당시 사학의 설립이 활발하였다. 기독교계 학교와 민간인 학교가 설립되기 시작하였는데 1885년 미국 선교사 아펜젤러(Appenzeler, H.G)에 의해 세워진 배제학당을 비롯하여 경신학교, 이화학당, 정신학교 등을 들 수 있고 민간인에 의해 설립된 학교는 1883년 개항장 원산에 설립된 원산학사로 우리나라 최초의 근대학교이기도 하다.

교과목은 한문, 영어, 천문, 지리, 생리, 수학, 공작, 성경을 비롯하여 과외활동으로 연설, 사상발표회를 가졌고 야구, 축구, 정구 등의 체육활동도 실시되었다.

우리나라 최초의 신식교과서는 1895년에 구한국 학부에서 편찬 발행한《국민소학독본》이다. 이 책은 근대적인 국가관의 파악과 바람직한 학도상은 어떤 모습이어야 하는가를 전제하고 있다. 그리고 황제의 나라가 아닌 대조선이라는 표기와 독립국임을 묘사하고 있다.

1910년 일제의 국권침탈로부터 1945년 광복에 이르기까지는 식민지교육정책에 의해 한글을 폐지하는 등 우리 문화와 민족의식을 말살하는 교과내용 개편을 단행하였다.

교과서에 나타난 한국인상은 처절하고 참담하였다. 일본 옷을 입은 조선인으로 이념과 풍습조차 날조 당하고 또한 그들에게 한 맺힌 민족영웅과 강력한 통치자들이 교과서에서 삭제되었다. 그러나 대한민국교육회와 휘문의숙 편집부, 휘문관, 보성관 등에서는 우리 민족성을 지키려는 사립학교용 교과서를 만들기에 노력하였으나 압수, 폐기처분당했다.

조선총독부가 1937년에 편찬한 신식교과서《조선어독본 1권》에는 제1과 '소',

제2과 '소나무와 버드나무', 제3과에는 '두루미와 소나무 가지'로 되어 있다. 한글을 처음 익히는 초등학교 1학년 학생들에게 '가'자가 아닌 '소'자부터 시작한 것이다.

소는 주인(일제)에게 순종하는 비유적 의미이며 등마저 휘어진 소나무와 절개에 대한 변질적인 버드나무를 상대적으로 대비시킴으로써 한국인들의 사상성을 탈색화하려 했던 것이다.

해방 후의 시대에는 6·25전쟁과 미군정시대가 맞물려 있어 우리에게 맞는 교과서 개편과 아울러 서양학문이 물밀듯이 쏟아져 들어왔다.

일제로부터의 광복은 '철수와 영이'라는 피교육세대를 탄생시켰다. 1948년 문교부가 펴낸 초등학교용 1학년 1학기 통합교과서는 《바둑이와 철수》이다. 차례를 보면 '영이와 바둑', '꽃밭', '비행기', '참새', '숨바꼭질' 등으로 "이리와 바둑아 집으로 가아 영이한테 가아"로 시작되어 자연의 향수와 인간적인 면

을 되찾아가는 내용이다.

　1949년에 나온《초등국어 3−1》의 제14과에는 '낮에 나온 반달'이 실려 있어 그 당시의 40~50대들에게 잃어버린 향수를 되찾게 해준다.

　6.25 직후에 나온《전시생활 1−1》의 '비행기'라는 제목의 교과내용에는 "부르릉, 부르릉 비행기가 날아갑니다. 파란 하늘에 은빛 날개가 번쩍입니다. 모두 다섯 대입니다"라고 시작되고 있다. 그 당시 반공이데올로기 교육의 면모가 여실히 드러나고 있다.

　1960년대 이후 교육정책은 다변화되었다. 반공 및 안보교육 강화, 이공계 교육 육성, 국가 학력고사 및 내신제 도입, 초등학교 무상 의무교육, 학원자율화, 사립학원의 사교육비 문제, 조기유학 등등 정권이 바뀌거나 교육부장관이 바뀌면 새로운 정책들이 생겼다 폐지되기 일쑤다. 그래서 국가정책 가운데 누가 맡아도 대책 없는 게 교육정책이라는 말이 나올 정도다.

우리나라 근대교육으로부터 오늘에 이르는 100여 년의 역사를 뒤돌아 볼 때, 교육의 역사가 우리 민족 최근세의 역사를 그대로 반영하고 있다는 것을 알 수 있다.

덕포진교육박물관의 전시물 하나하나에 담긴 추억을 더듬다 보면 마치 모교가 그립고 동창생이 그리워진다. 잘도 부러지던 연필 때문에 시험 때 고생했던 일이며, 숙제를 안 해왔다고 선생님께 주판으로 머리를 밀렸던 일, 도시락 김치국물이 책가방에 흘러 하루 종일 교실에 김치냄새를 풍겼던 일들이 생각난다.

이뿐만 아니라 학습참고서인 동아전과나 표준수련장을 사달라고 부모님을 조르면 장날 계란 몇 줄을 팔아야 사줄 수 있다고 해서 사오일을 기다렸던 일, 운동회 때 곤봉체조를 하다가 곤봉을 떨어뜨려 챙피당했던 일, 글씨 못 쓴다고 항상 '양'자 도장만 찍어주시던 선생님, 같이 쓰는 책상 가운데에 굵은 홈을 파서 친구의 물건이 넘어오지 못하게 했던 일 등이 생각난다.

인생의 팔 할을 키운 학창시절, 그래서 잊을 수 없는 추억을 되살릴 수 있는 교육박물관이 전국 곳곳에 설립되어 또 다른 교육의 장이 될 수 있었으면 한다.

● ● ● **덕포진교육박물관 이용 안내**

◆ **연중무휴**이며, **관람시간**은 오전 10시 ~ 오후 9시까지이며 **입장료**는 성인 2,500원, 청소년 2,000원, 어린이 1,500원이다.
◆ **지하철로 오시는 길**은 지하철 5호선 송정역, 또는 9호선을 타시고 개화산역에서 하차하여 버스 60-3번을 타고 김포 대곶 대명초등학교 입구에서 내려 도보로 15분거리에 있다.
◆ **덕포진교육박물관 주소** : 경기도 김포시 대곶면 신안리 232-1번지
◆ 전화 : **031) 989- 8580**, 홈페이지 http://www.덕포진교육박물관.kr

한국의 특수박물관
세중박물관

살아있는
돌들과의
시공을 초월한
대화

"몸에 밴 기술을 망각하고 일거수 일투족이 무비법(無非法)이 될 때 예도(禮度)가 성립되고 조화와 신공(神功)이 체득된다는 말이다. /나는 석굴암에서 그것을 보았던 것이다. 돌에도 피가 돈다는 것을 말이다. 나는 그 앞에서 찬탄과 황홀이 아니라 감읍(感泣)하였다. /그것이 불상이었기 때문이 아니었다. 한국 예술의 한 고전이었기 때문이다."(조지훈의 수필 〈돌의 미학〉 중에서)

조지훈 시인은 돌이 하늘이 내린 도공을 만났을 때에는 피가 돌 정도로 살아있는 생명체가 되고, 예술로 승화되어 감동을 준다고 했다. 돌은 수많은 예술가들에게 소재거리일 뿐만 아니라 우리 일상생활에 없어서는 안 될 소중한 도구이다.

그러면 돌이 우리 인간에게 언제부터 정다우면서도 가까운 존재가 되었는지 역사를 거슬러 올라가 보면 아마 선사시대부터일 것이다. 돌을 생활수단으로 이용한 석기나 신앙의 대상으로 삼았던 선돌, 그리고 사후의 안락처로 사용했던 고인돌이나 돌무덤을 봐도 그렇다. 전국의 어느 지방이나 가보면, 돌과 연관된 전설이나 신앙은 유유히 전해 내려오고 있다.

또한 돌이 가지고 있는 자연 그대로의 오묘함 속에 예술적 가치를 부여하는 수석(壽石)이라든지 조각가의 망치와 끌로 다듬어져 하나의 예술작품으로 새롭게 거듭나는 조각 작품들을 보면, 돌 하나가 사람의 마음을 움직인다.

고대문명의 발상지에서 볼 수 있는 신전이나 중세기의 유럽 성당 그리고 고궁을 비롯하여 15세기 최고의 조각가 미켈란젤로가 대리석을 마치 떡 주무르듯 했던 수많은 조각품들을 보면 과연 인간이 돌에 얼마나 많은 가치성을 부여했는가 알 수 있다.

특히 우리나라의 돌들은 단단한 화강암이기 때문에 조각하기가 어려웠을 것이다. 그래서 칼이나 동전으로 긁어도 흠집이 나는 대리석을 가지고 작품을 만든 미켈란젤로에게 화강암 가지고 작품을 만들어보라고 하였다면 과연 석굴암이나 다보탑 같은 아름다운 예술작품을 만들 수 있었을까 상상해본다.

우리 조상들이 화강암을 이용하여 만들어낸 다양한 석물 1만여 점을 모아 자연과 어우러지게 전시해 놓은 곳이 경기도 용인시 양지면 양지리에 있는 세중박물관이다.

5천여 평의 숲속에 차량이 다닐 만한 가운데 길을 중심으로 좌우로 수천 명의 무언의 돌장승들이 각기 다른 표정으로 찾는 관광객들을 맞이한다. 그들의 표정이 곧 우리 선조들의 희로애락을 보여주고 있어 마치 시대를 거슬러 올라가 대화를 나누는 기분이 든다.

이 박물관의 설립자는 (주)세중의 천신일 회장이다. 그는 1970년대 말 인사동 골동품 상가를 지나다가 우연히 우리 석물 사진을 놓고 고미술상 주인과 일본 사람이 흥정하는 것을 보게 되었는데, 그냥 지나칠 수 없어 항의하다 결국엔 일본인 대신 그 석물 모두를 사들이게 되었다고 한다. 우리 문화재를 일본인들에게 팔아넘기는 안타까운 현실을 접하면서 그는 해외 유출문화재 환수를 위해 노력하였다. 2000년 6월에는 일본에서 70여 점의 돌문화재를 환수해 오기도 하였다.

이러한 천 회장의 노력은 결국 그해 7월 세중박물관을 설립하는 계기가 되

었고 오늘날 우리 문화재의 지킴이로서 우리와 후손들에게 문화와 역사의식을 재인식시켜주는 자부심으로 찾아오는 관람객을 맞이하고 있다.

박물관의 전시물은 대부분 야외의 나무와 자연스레 어우러져 전시되어 있는데 동자석, 문·무인석 등의 지킴이 관련 유물과 기우제단, 남근석 등의 민간신앙 관련 유물, 그리고 불교문화 관련 유물, 장명등, 짐승 석상 등의 묘제유물, 생활유물들로 크게 분류하여 전시되어 있다. 돌로 만든 솟대를 비롯하여 다양한 형태의 나무 장승들이 전시되어 있는 제1전시관을 비롯하여 벅수관, 사대부묘관, 석인관, 지방관, 제주도관, 석수관, 생활유물관, 동자관, 민속관, 불교관 등등 제14전시관까지 500여 미터에 이르는 코스이다.

박물관 초입부터 정답게 다가오는 것은 솟대를 비롯하여 장승들이다. 솟대 마을의 안녕과 수호 그리고 풍요를 기원하는 상징물로 마을 입구에 주로 세우는데, 돌을 쌓은 뒤에 나무를 박은 후 꼭대기에 오리와 같은 새를 올려놓는다. 또는 돌 기둥 끝에 오리 모양을 올려놓기도 한다.

솟대는 청동기시대의 유물로 발굴된 농경문청동의기의 뒷면에 솟대와 같은 그림이 새겨져 있는 것으로 보아 기원전 6세기에 이미 사용되었을 것으로 보고 있다. 그러면 왜 오리를

올려놓은 것일까? 오리는 연간 200여 개의 알을 낳기 때문에 다산을 상징하고 하늘, 땅, 물의 3계를 넘나드는 동물로서 우주적 존재로 인식되고 있다.

또한 오리는 물과 관련 있어 농경사회에서 비와 천둥을 지배하는 존재이며 철새로서 계절변화 즉 저승과 이승을 연결시켜주는 영적인 존재의 상징물로 이용되고 있다.

장승은 이와 같은 솟대와 그 기능을 복합적으로 보강하고 분담하고 있다. 장승은 마을 안으로 들어오는 질병, 재앙, 악귀의 침범을 막아내는 역할을 한다.

요즈음도 어느 한적한 시골에 가면 출입문에 부적을 붙여 놓거나 가시 달린 엄나무를 대문 위에 걸어 놓거나 대문 위에 쇠코뚜레를 걸어 두기도 한다. 이 모두가 잡귀 등 재액을 차단하기 위한 액막이 장치이다. 이와 같이 액

을 막기 위한 수단으로 장승을 마을 입구에 세웠는데, 70년대 새마을운동을
한답시고 미신이라 여겨 철거하는 통에 요즈음은 보기 어려워 안타깝다.

　장승은 지역에 따라 벅수, 장생, 수살, 수구막이라고도 하며 제주도에서
는 하르방이라고 부르기도 한다. 장승의 재질은 주로 나무와 돌을 이용하는
데, 형상은 주로 두 가지로 표현되고 있다. 하나는 도깨비나 사천왕과 같은
수호신 형상이고 하나는 머리에 벙거지를 쓴 사람의 모습으로 두 눈이 튀어
나오고 주먹코로 해학적이거나 인자한 모습 또는 위협적인 형상을 나타내기
도 한다.

　장승은 대개 몸통에 천하대장군, 지하여장군, 토지대장군, 주장군, 당장군
등 큰 글씨가 새겨져 있고 몸체 아래에는 마을 이름과 거리를 표시하여 이정
표 구실을 하거나 시·군이나 사찰의 경계표시를 하기도 한다.

　요즈음 전통찻집이나 고유음식점 또는 자치단체의 전통마을에서나 나무로

만든 장승을 볼 수 있을 뿐, 돌로 만든 장승은 더더욱 볼 수가 없다.

로마 신화에 나오는 야누스(Janus)가 곧 우리나라의 장승과 같은 역할을 하였다고 볼 수 있다. 로마의 최고신으로 모시는 야누스는 경계선을 지키는 신이자 문을 여는 신으로 사물과 계절의 시초를 주제하는 신이다. 로마인들은 해마다 12월 동지 때부터 새해 1월까지 로마 중심부에 있는 야누스신전을 무대로 사투르누스 축제를 성대하게 연다. 마치 우리의 정월 장승제와 같은 축제이다. 한국의 전통문화예술로서 장승제가 활성화되기를 바란다.

또 하나 세중박물관에서 많이 볼 수 있는 유물로는 묘제에 사용된 다양한 석조물들이다. 문인석, 무인석, 동자석은 죽은 사람을 수호하고 자손이 번영을 기원하는 목적에서 묘 앞에 세워진다. 문·무인석의 관모, 의상, 크기는 죽은 사람의 지위에 따라 다르지만 지방별로도 다르다는 것을 느낄 수 있다. 그리고 또 묘 옆에는 생전의 출신 문벌이나 경력 등을 새긴 석비를 세우고 묘 양쪽에 장명등(長明燈)을 세운다.

특히 장명등은 저승길을 밝혀준다는 석등이지만, 이승과 저승의 진리를 회고케 하는 진리와 자비와 베풂의 등불이기도 하다. 향로형 받침에 사각, 육각, 팔각의 중심 기둥돌에 각양각색의 무늬로 장식한 화사(火舍)를 얹고 팔각지붕이 덧씌워져 있어 예술적인 아름다움을 느낄수 있다.

또 무덤을 지키는 수호석으로 호랑이, 사자, 산양, 말과 같은 동물석

이 있다. 특히 산양은 일찍이 중국 전한(前漢)시대부터 등장한다. 묘에 석양을 세우는 것은 양이 다산을 의미하고 있어 조상으로 하여금 후손들이 많이 번성하게 해달라는 기원의 의미를 담고 있다. 고대 그리스의 다산의 신인 판(Pan) 역시 몸체의 일부가 염소의 다리와 뿔, 귀로 되어 있다.

이 박물관에는 이외에도 불교와 관련된 석탑, 부도, 석등, 석종, 약사여래입상 등과 민간신앙의 대상이었던 기우제단, 돌무덤, 남근석을 비롯하여 효자석, 망부석 등이 있다.

생활유물로는 70년대까지만 해도 흔히 볼 수 있었던 연자방아, 디딜방아, 돌절구, 맷돌, 돌솥, 다듬잇돌, 우물돌 등이 있어 선조들의 지혜와 얼이 담긴 돌문화의 면면을 감상할 수 있다. 어렸을 적 깊은 밤 어머니가 두드리는 다듬이 소리, 명절을 앞두고 인절미를 하느라 돌절구의 방아소리 등 아름다운 우리의 소리가 귓가에 들리는 듯하다.

흔히 과거에 말하기를 사람이 구들장에서 태어나 석관에 들어가기까지 한 생을 돌과 함께 한다고 했다. 지금도 우리의 일상생활에서 돌은 회피할 수 없는 문화이자 생활도구이다. 전국의 어디를 가더라도 수천 년의 역사와 문화를 담고 있는 문화유산은 돌로 이루어진 유물들이다.

비록 길에 나뒹구는 돌이지만, 석공의 손에서는 생명이 감도는 예술로 다시 태어나게 되고 무한한 생명력을 가지고 있는 돌에 의지하고 인생을 안위했던 우리 조상들의 지혜와 삶을 이 박물관에서 느껴볼 수 있다.

●●● 세중박물관 이용 안내

◆ 세중박물관은 **연중무휴**이며 하절기(3월~10월)에는 오전 10시~오후 6시까지 개관하며 동절기(1월~3월)에는 오전 9시~오후 5시까지이다.
◆ **관람료**는 어린이 2,000원, 청소년 3,000원, 어른 5,000원, 노인 2,000원이며 단체는 1,000원 할인됨
◆ 찾아가는 길은 ① **서울 남부터미널에서는** 용인 양지 → 진천, 광혜원 방향 박물관 위치
   ② **승용차 이용시는** 영동고속도로 양지IC에서 나와 고가도로에서 우회전 → 양지 사거리 → 아시아나 골프장 방향
   ③ **용인 터미널에서는** 남곡리행 버스 이용
◆ **세중박물관** 주소 : 경기도 용인시 처인구 양지면 303-11
◆ 전화 : **031) 321-7001**, 홈페이지 http://www.sjmuseum.co.kr

한국의 특수박물관을 찾아서

초판 1쇄 발행   2013년 1월 5일

지은이   이요섭
펴낸이   윤형두
펴낸곳   종합출판 범우(주)

교 정   김영석 · 신윤정
디자인   정영해

출판등록   제406-2004-000012호(2004년 1월 6일)
주소   (413-756) 경기도 파주시 문발동 출판문화단지 525-2
대표전화   031-955-6900   팩스 031-955-6905
이메일   bumwoosa@chol.com
홈페이지   www.bumwoosa.co.kr
ⓒ 이요섭 2013

ISBN 978-89-6365-088-3   03980

• 이 도서의 국립중앙도서관 출판시도서목록(CIP)은
  e-CIP홈페이지(www.nl.go.kr/ecip)에서 이용하실 수 있습니다.
• (CIP제어번호: CIP2012005791)

범우비평판 세계문학

논술시험 준비중인 청소년과 대학생을 위한 책 —
서울대 · 연대 · 고대 권장도서 최다 선정(31종)으로 1위!

작가별 작품론을 함께 실어 만든, 출판 45년이 일궈낸 세계문학의 보고!
대학입시생에게 논리적 사고를 길러주고 대학생에게는 사회진출의 길을 열어주며,
일반 독자에게는 생활의 지혜를 듬뿍 심어주는 문학시리즈로서
범우비평판은 이제 독자여러분의 서가에서 오랜 친구로 늘 함께 할 것입니다.

158권
▶계속 출간

▶크라운변형판
▶각권 7,000원~15,000원
▶전국 서점에서 낱권으로 판매합니다.